U0298206

王培华　著

『通古察今』系列丛书

清代河西走廊的水资源分配制度

河南人民出版社

图书在版编目(CIP)数据

清代河西走廊的水资源分配制度 / 王培华著. —
郑州 : 河南人民出版社, 2019. 12(2024. 5 重印)
("通古察今"系列丛书)
ISBN 978 - 7 - 215 - 12106 - 5

Ⅰ. ①清… Ⅱ. ①王… Ⅲ. ①河西走廊 - 水资源 -
分配制度 - 研究 - 清代 Ⅳ. ①TV213.4

中国版本图书馆 CIP 数据核字(2019)第 267893 号

河南人民出版社出版发行
(地址:郑州市郑东新区祥盛街 27 号 邮政编码:450016 电话:0371 - 65788072)
新华书店经销 永清县晔盛亚胶印有限公司印刷
开本 787 毫米 × 1092 毫米 1/32 印张 6.375
字数 90 千字
2019 年 12 月第 1 版 2024 年 5 月第 2 次印刷

定价:52.00 元

"通古察今"系列丛书编辑委员会

序　言

在北京师范大学的百余年发展历程中，历史学科始终占有重要地位。经过几代人的不懈努力，今天的北京师范大学历史学院业已成为史学研究的重要基地，是国家首批博士学位一级学科授予权单位，拥有国家重点学科、博士后流动站、教育部人文社会科学重点研究基地等一系列学术平台，综合实力居全国高校历史学科前列。目前被列入国家一流大学一流学科建设行列，正在向世界一流学科迈进。在教学方面，历史学院的课程改革、教材编纂、教书育人，都取得了显著的成绩，曾荣获国家教学改革成果一等奖。在科学研究方面，同样取得了令人瞩目的成就，在出版了由白寿彝教授任总主编、被学术界誉为"20世纪中国史学的压轴之作"的多卷本《中国通史》后，一批底蕴深厚、质量高超的学术论著相继问世，如八卷本《中国文化发展史》、二十卷本"中国古代社会和政治研究丛书"、三卷本《清代理学史》、五卷本《历史文化认同与中国统一多民族国家》、二十三卷本《陈垣全集》，以及《历史视野下的中华民族精神》《中西古代历史、史学与理论比较研究》《上博简〈诗论〉研究》等，这些著作皆声誉卓著，在学界产生较大影响，得到同行普遍好评。

除上述著作外，历史学院的教师们潜心学术，以探索精神攻关，又陆续取得了众多具有原创性的成果，在历史学各分支学科的研究上连创佳绩，始终处在学科前沿。为了集中展示历史学院的这些探索性成果，我们组织编写了这套"通古察今"系列丛书。丛书所收著作多以问题为导向，集中解决古今中外历史上值得关注的重要学术问题，篇幅虽小，然问题意识明显，学术视野尤为开阔。希冀它的出版，在促进北京师范大学历史学科更好发展的同时，为学术界乃至全社会贡献一批真正立得住的学术佳作。

当然，作为探索性的系列丛书，不成熟乃至疏漏之处在所难免，还望学界同人不吝赐教。

北京师范大学历史学院

北京师范大学史学理论与史学史研究中心

北京师范大学"通古察今"系列丛书编辑委员会

2019 年 1 月

目　录

1

表格目录

序

　　甘肃河西走廊，因位于黄河以西，又因其为中原与西域交通的要道，被称为河西走廊。河西走廊南面是祁连山脉，又称走廊南山，北部是合黎山—龙首山，又称走廊北山。中部为平原、盆地。祁连山海拔3500—5600米，山势雄伟高大，4300米以上终年积雪。走廊北山海拔1600—3000米，山势低矮。中部平原，地势平坦，土地肥沃，黑河、石羊河水源相对丰富，灌溉便利，绿洲农业相对发达。千百年来，中原皇朝、西北民族，以及西域各国，都在此交汇。东来西往的商旅使团，南下北上的将帅士卒，大都取道河西，使河西成为名副其实的交通走廊，是东西方丝绸之路的重要通道。

　　春秋战国，河西是羌族、月氏、乌孙和匈奴等游牧民族的乐园。到汉初，匈奴势力强大，汉匈和好，汉文帝与匈奴单于互有书信往来，表示要各自约束人民，以长城为界，长城南北分别实行农耕经济和游牧经济。但是，匈奴民族时常南下，骚扰汉地农耕人民的生产生活。汉武帝时期，先后与匈奴发生三次战争。元狩二年（前121）汉武帝命霍去病率兵远征，逾居延海，南下祁连山，打击匈奴右部，汉在河西设立酒泉、武威、张掖、敦煌四郡，阻隔匈奴和羌人的联系，沟通中原与西域的直接交通。元狩四年（前119）卫青、霍去病远征，匈奴被迫向西远徙，解除了汉地农业受到的骚扰，漠南无王庭。汉军占领自朔方以西至张掖、居延海的广大地区，开渠、屯田，"置田官吏卒五六万人"，且耕且守，移民、戍卒和屯田将士，开辟耕地，种植庄稼，中原的农业生产技术在河西传播开来。而匈奴人失去河西，丧失了发展畜牧业的重要土地资源。《西河旧事》云：祁连山"在张掖、酒泉二界上，东西二百里，南北百里。有松柏五木，美水草，冬温夏凉，宜畜牧。匈奴失二山，乃歌曰：'失我祁连山，使我六畜不蕃息；失我焉支山，使我嫁妇无颜色。'祈连，一名天山，亦曰白山也。"可见河西大地，无论对匈奴人，还是汉人，都是多么重要。经过一百多年的经营开发，到汉末，河西经济、文化和社会风俗方面，都有深刻的变化。班固《汉书》卷二十八《地理志下》云：河西地广民稀，水草宜畜牧，畜牧为天下饶，保卫边塞，二千石治理河西，以兵马为务，治理方式宽厚，官吏不苛刻，有酒礼之会，上下交往，吏民相亲。如果风调雨顺，则谷物价格很低，人民遵纪守法，社会风气和顺，贤于内郡。五凉时（4至5世纪，河西的五个政权），天下动荡，中原士人多避居河西，社会稳定，百姓乐业，文教不绝，史称凉州多士。《魏书》《周书》《晋书》都有记载。杜佑称，凉州"地势之险，可以自保于一隅，财富之殷，可以无求于中国。故五凉相继，与十六国立，中州人士避难者，多往依之。""其风土可乐。"明代杨慎提出"甘州土地美沃，……塞北之江南也"。这些，都是在赞扬五凉时期，河西走廊经济发展，社会稳定，风土可乐。安史之乱后，到元明，吐蕃、回鹘、党项、蒙古等游牧民族，相继占据河西。

清前期，对西域用兵，河西走廊的重要性更加突出，农业经济占了重要地位。其中一个重要原因，是河西走廊的水利灌溉。乾隆二十年（1755），陈宏谋说：

"河西之凉、甘、肃等处,历来夏间少雨,全仗南山积雪,入夏融化,流至山下,分渠导引,自南而北,由高而下,溉田而外,节节水磨,处处获利。凡渠水所到,树木荫翳,烟村栉列,否则一望沙碛,四无人烟。此乃天造地设,年年积雪,永供灌汲,资万民之生计。"他建议兴修嘉峪关外水利,疏浚赤金、靖逆、柳沟、安西、沙州诸地泉源,后来朝廷命继任者议行。陈宏谋,字汝咨,广西临桂人。雍正元年进士,任职朝廷和外省数十年,宦迹半天下,政绩卓越,尤尽心水利,凡所经建,辄为经久之计。他对甘肃河西走廊水利的描述,所言不虚。

河西走廊本身的发展,其在历朝历代和中西交流中的重要地位,受其所处地理位置因素的影响,也受其农牧经济因素的影响。而水利的发展,起到了重要作用。"这种重要的经济、政治和军事地位,是以本地区物质生产的发展为基础的,这里有大片的良田沃土,但是干旱缺雨,农业生产依靠灌溉,因此,水源极为珍贵,水利灌溉事业对于发展农业生产有着举足轻重的作用。"[1]

---

[1] 孙晓林:《唐西州高昌县的水渠及其使用、管理》,见《敦煌吐鲁番文书初探》,武汉大学出版社,1983 年。

　　河西走廊农田水利中，水利事业的首要任务是修渠筑坝，其次则是制定分水规则，调节共同用水。千百年来，河西走廊农田水利能够持续发展，关键环节是制定、执行水资源的分配制度。我们将根据历史文献，探讨河西走廊水资源分配制度。

前　言

　　本书研究清代河西走廊水利中的水利纠纷和水资源分配制度。

一、缘起与分工

　　2003 年，当我开始研究清代河西走廊水资源分配制度时，可资参考学习的直接相关成果不多。实际上，2000 年发表的《水资源再分配与西北农业可持续发展——元〈长安图志〉所载泾渠"用水则例"的启示》,[1] 以及 2002 年发表的《清代滏阳河流域水资源的管理、

---

[1]　王培华：《水资源再分配与西北农业可持续发展——元〈长安图志〉所载泾渠"用水则例"的启示》,《中国地方志》2000 年第 5 期。

利用与分配》[1]，直接促成了我对河西走廊水利纠纷、水资源分配制度的研究。首先，按照区域、流域来研究农田水利；其次，研究水利纠纷、水资源的分配制度。我国水资源分布不均，是自然分配的结果，是为第一次分配。而人为分配水资源，则是第二次分配。我最先用的是"水资源再分配"。后来，考虑到人文社会科学的特点，以及学术界是否能够接受，于是我使用"水资源的分配制度"这个说法。关于"水利纠纷"，有时，我也使用"争水矛盾"的说法，意思一样。

为了能更多地吸收当代学者的研究成果，我搜寻、研读多种清代农史、经济史著作，特别是关于西北农业的著述，试图从中找到研究的切入点和研究方法。前人的论著，在西北农牧史、清代西北屯田、中国屯垦（含甘肃屯垦）、河西开发、西北灾荒，[2] 在水利史和

---

[1] 王培华：《清代滏阳河流域水资源的管理、利用与分配》，《清史研究》2000 年第 2 期。

[2] 张波：《西北农牧史》，陕西科技出版社，1989 年。王希隆：《清代西北屯田研究》，兰州大学出版社，1990 年。王毓铨、刘重日、郭松义、林永匡：《中国屯垦史》（下册），中国农业出版社，1991 年。吴廷桢、郭厚安：《河西开发史研究》，甘肃教育出版社，1993 年。赵俪生主编：《古代西北屯田开发史》，甘肃文化出版社，1997 年。

农田水利史、[1]河西沙漠化[2]、北方几个流域的水利[3]等方面，都提供了一定的历史知识，但并未形成思路。

西北师范大学的李并成先生所作《明清时期河西地区水案史料的梳理研究》一文是当时所知唯一一篇研究清代河西走廊水案的文章，[4]其所说水案，与我先前研究的河北滏阳河流域的情况一样，这篇文章使我眼前一亮。

《读书》杂志前编辑部主任孙晓林女士，20世纪80年代在武汉大学历史系读书时，研究唐西州高昌县

[1] 姚汉源：《中国水利史纲》，水利水电出版社，1987年。水利水电科学研究院《中国水利史稿》编写组：《中国水利史稿（下册）》，水利水电出版社，1989年。汪家伦、张芳：《中国农田水利史》，农业出版社，1990年。周魁一：《中国科学技术史·水利卷》，科学出版社，2006年。张芳：《明清农田水利史》，中国农业科技出版社，1998年。

[2] 李并成：《历史时期河西走廊沙漠化研究》，科学出版社，2003年。《明清时期河西地区水案史料的梳理研究》，《西北师大学报》2002年第6期。

[3] 王建革：《河北平原水利与乡村社会分析》，《中国农史》2000年第2期。王建革：《清浊分流——环境变迁与清代大清河下游治水特点》《清史研究》2001年第2期。李令福：《关中水利开发与环境》，人民出版社，2004年。

[4] 李并成：《明清时期河西地区水案史料的梳理研究》，《西北师大学报》2002年第6期。

（今吐鲁番地区）的水渠及其使用、管理，[1]此文迄今不在知网系统，我未能发现这篇论文。记得一次在北师大历史系举办的学术会议上，陈国灿先生偶然提到，《敦煌吐鲁番文书初探》一书中，有关于唐代西州水利的研究。今天我才找到这本书。孙晓林女士用伯希和汉文文书3560号背面被称为《沙州敦煌县地方用水浇田施行细则》、阿斯塔那509号墓出土《唐城南营小水田家牒稿为举老人董思举检校取水状》等文书，研究唐西州浇灌制度。作者说："灌溉用水制度不仅是解决水利纠纷的重要规定，同时也是实行科学灌水的一项措施。在干旱的敦煌，尤其是在吐鲁番盆地，水利灌溉的兴废直接影响到农业收成的好坏，有了合理的用水计划，就可以在灌溉水量有限的条件下，浇灌较多的田地。"读来会心一笑，顿生心有灵犀之感。我在研究清代河西走廊水利时，对于用什么名词术语，表达这种水利纠纷和争水矛盾，颇费斟酌。水利事件或水事纠纷这种术语，是中性词语，在现实中有和稀泥之嫌，根本不能定性，也于事无补。最后我使用水利纠纷、

---

[1] 孙晓林：《唐西州高昌县的水渠及其使用、管理》，载唐长孺先生主编：《敦煌吐鲁番文书初探》，武汉大学出版社，1983年。

分水制度或水资源分配制度等名词术语。与孙女士的研究，所见略同。

清代甘肃河西走廊水利建设，重要的事情有如下几项：兴修水渠，引水灌溉，渠坝维修维护，分配水资源，处理水利纠纷和争水矛盾，达到共同用水的目标。关于兴修水利等，在经济史和农史水利史中不乏研究成果。而水资源的分配制度，调解水利纠纷，解决用水矛盾，则是一个新问题。不仅对我来说是一个新问题，在史学界也是一个新问题。

2004 年，我发表了几篇研究成果，一篇为《清代河西走廊的水利纷争及其原因》[1]，另一篇为《清代河西走廊的水资源分配制度》[2]。同年，《新华文摘》重点摘要《清代河西走廊的水资源分配制度》[3]。5 年后，即 2009 年，新华文摘杂志社精选 2000—2008 年重点摘要的文章，编成《新华文摘精华本·历史卷》，收入这

[1]　王培华：《清代河西走廊的水利纷争及其原因》，《清史研究》2004年第 2 期。

[2]　王培华：《清代河西走廊的水资源分配制度》，《北京师范大学学报》2004 年第 3 期。

[3]　王培华：《清代河西走廊的水资源分配制度》，《新华文摘》2004 年第 17 期重点摘要。

篇摘要。[1]2008 年，拙著《元明清华北西北水利三论》，收入这两篇文章，并且有较大修改完善。[2]

从开始研究至今，时间过去 16 年。关于河西走廊的水利纠纷和水资源分配制度这个问题，后来学术界出版了一些新的研究成果，如潘春辉等著《西北水利史研究：开发与环境》，李艳编著《近代河西走廊水事资料搜集整理与研究》，分别是兰州的西北师大，和张掖的河西学院的年轻教授们，在借鉴学术界已有成果基础上，亲自研究的成果。我对这两部书很感兴趣，有时拿来阅读，自有收获。

现在，在水利史研究中，有些论著使用水利纠纷、分水制度一词。有些则把水利纠纷、争水矛盾、水资源的分配综合起来，使用"分水之争"。我国山区有很多分水岭。以"分水之争"为术语，颇有诗意。为尊重事实，我继续使用水利纠纷、争水矛盾、水资源分配等词语。

在我完成有关清代河西走廊水利纠纷和水资源分

---

[1]　新华文摘杂志社编：《新华文摘精华本·历史卷（2000—2008）》，人民出版社，2009 年。

[2]　王培华：《元明清华北西北水利三论》，商务印书馆，2009 年。

配制度的研究后，我指导研究生张勇同志，研究清代河西走廊地方志中的水利文献。这次，征得张勇同志同意，稍加删改，将张勇的论文，作为附录收入本书。另外《新华文摘》2004年第17期重点摘要我的论文，这次，也作为附录收入本书。

二、本书要旨

本书只是简单质朴地反映清代河西走廊水利纠纷和水资源分配制度。这种分水制度，是否就是简单的平均主义分配？非也，这种分水制度，是效率优先的分配制度。

争水是河西走廊地区主要的社会矛盾。乾隆《古浪县志》云："河西讼案之大者，莫过于水利。一起争讼，连年不解，或截坝填河，或聚众毒打，如武威之乌牛、高头坝，其往事可鉴也。"府县断案即处理争水纠纷的文案，一般存之于档案、碑石、方志中，称为"水案""水碑记""水利碑文""断案碑文"，其目的是杜争竞而垂久远，其内容则反映了河西走廊的争水矛盾和政府行使调节共同用水、平均用水的社会职能。

以黑河、石羊河等流域为例，水利纷争的主要类型有三种，一是河流上下游各县之间的争水，如，黑河流域下游高台县，与上游抚彝厅（今临泽县）、张掖县之间的争水；石羊河流域下游镇番县（今民勤县）与下游武威的争水。二是一县内各渠、各坝之间的争水。如镇番县各渠坝之间的争水。三是一坝之内各使水利户之间的争水。第一种争水程度最激烈，甚至动用武力，且互相控诉，地方各级政府的调控最多。争水矛盾产生的原因，有自然因素，也有社会因素。水资源短缺，限制了河西走廊经济与社会的全面发展。

河西走廊地方各级政府的调控，体现于各层次，但处理第一类水利纷争最多，其次是第二类水利纷争。府县断案即处理各种类型的争水纠纷的文案，一存于府县档案，二存于府县州官署中或龙王庙前的碑刻，三存于新修续修《县志》《府志》《州志》中，称为"水案""水碑记""水利碑文""断案碑文"等。碑刻存世的时间会久远一些，其作用在杜绝争竞，使当前的水利纷争有所缓和；地方志中所载分水文件详近略远，其作用在垂之久远，使后来的分水有所借鉴。

解决争水矛盾的方法，除了新开灌渠外，主要是建立各种不同层次的分水制度，即河流上下游各县之间的分水，可称为一次分水；同一县各渠坝之间的分水，可称为二次分水；同一渠坝各使水利户之间的分水，可称为三次分水。力图使各县之间、各渠坝、各农户之间平均用水。分水的技术方法是确定水期、水额。

分水的制度原则有二：

一是效率原则，即按修渠人夫使水、计亩均水、计粮均水。计粮均水（照粮分时、照粮摊算），即按照缴纳税粮数量分水。武威、古浪、镇番等县实行计粮均水。计亩均水，即按照地亩平均分配水时。山丹、张掖、抚彝、高台实行计亩均水。这两种方式，实质相同，即只有给国家纳粮的土地，才可以使用水资源，体现了效率优先的经济原则。

二是公平原则，即按照地理远近分水。各县之间分水，按照先下游、后上游的原则分配，由各县协商解决，如协调不成，则由上级协调，甚至调用兵力，强行分水。地方政府在处理黑河流域的镇夷五堡争水案件中，使用了武力。各渠道内部，先远后近。这体现了兼顾公平的社会良俗原则。计亩均水多实行于水源丰沛地区，计粮均水多实行于水源短缺地区。分水制度在一定程度上缓解了水利纷争。地方各级政府发挥了调节用水、平均用水的作用。流域内分水制度的建立和完善，保证了均平水利，受水利一方人民深为拥护政府的调控。

最后，特别指出，平均用水，是只有给国家纳粮的土地，才可以使用水资源，而不是指每个人都有资格使用水资源，分水的对象是纳粮土地，而不是人口。

清代河西走廊的水利纷争及其原因

——黑河、石羊河流域水利纠纷的个案考察

  对于清代河西走廊黑河、石羊河流域的水利问题，学术界已有的研究成果在两个方面比较突出：一是综述水利工程和灌溉面积[1]，二是梳理"水案"文献[2]。这些都是很有意义的。实际上，我们还需要研究争水矛盾的类型、原因、性质等，并与其他地区争水矛盾相互比较，以期更加全面地认识河西走廊的水利纷争问题。水利纷争是清代河西走廊的主要社会问题，这种争水，在甘肃省黑河、石羊河流域，主要表现为三种

---

[1] 水利水电科学研究院《中国水利史稿》编写组：《中国水利史稿（下册）》，水利水电出版社，1989年，第190—192页。

[2] 李并成：《明清时期河西地区"水案"史料的梳理研究》，《西北师大学报》2002年第6期。

类型。一是河流上下游各县之间的争水，如，黑河流域下游高台县，与上游抚彝厅（今临泽县）、张掖县之间的争水；石羊河流域下游镇番县（今民勤县）与上游武威县之间的争水。二是一县内各渠、各坝之间的争水。如镇番县各渠坝之间的争水。三是一坝之内各使水利户之间的争水。第一种争水程度最激烈，甚至动用武力，且互相控诉，地方各级政府调控最多。争水矛盾产生的原因，有自然因素，也有社会因素。水资源短缺，限制了河西走廊经济与社会的全面发展。

一、争水矛盾的主要类型

甘肃河西走廊处于干旱区，大小河流57条。清代，河西走廊各县大修渠坝，充分利用河水、泉水、山谷水，浇灌农田。河流所经各县、各渠之间经常发生争水纠纷。争水已成为当时河西走廊地区主要的社会矛盾。乾隆《古浪县志》云："河西讼案之大者，莫过于水利。一起争讼，连年不解，或截坝填河，或聚众毒打，如武威之乌牛、高头坝，其往事可鉴也。”[1]府县断案即处理争水纠纷的文案，一般存于档案、碑石、方志中，称为“水案”“水碑记”“水利碑文”“断案碑文”，其目的是杜争竞而垂久远，其内容则反映了河西走廊的争水矛盾和政府行使调节共同用水、平均用水的社会职能。以黑河、石羊河等流域为例，水利纷争的主要类型有三种，一是河流上下游各县之间的争水，二是一县内各渠坝之间的争水，三是一坝之内各使水利户之间的争水。由于搜集的资料有限，这里只着重谈前两种类型的争水。

黑河流域下游高台县，与上游抚彝厅（今甘肃临泽县）、张掖县之间的争水事件，主要有镇夷五堡案、丰稔渠口案。

镇夷五堡案　高台县镇夷五堡处于黑河下游，上游的张掖、抚彝、高台各县往往用渠截断水流。康熙五十八年（1719），高台县镇夷五堡生员岳某等，向陕甘总督年羹尧控诉：“蒙奏准定案，以芒种前十日，委安肃道宪亲赴张、抚、高各渠，封闭渠口十日，俾河

[1] 张玿美修，曾钧等纂：《五凉全志》卷四《古浪县志·地理志·水利碑文说》，乾隆十四年（1749）本。

水下流，浇灌镇夷五堡及毛目二屯田苗，十日之内不遵定章，擅犯水规渠分，每一时罚制钱二百串文，各县不得干预。历办俱有成案。近年芒种以前，安肃道宪转委毛目分县率领丁夫，驻高（台）均水，威权一如遇道宪状。"[1]

丰稔渠口案 黑河西流，由抚彝而高台，高台县之丰稔渠口在抚彝之小鲁渠界内，明万历年间修成，渠口广三丈，底宽二丈，两岸各高七尺，厚三丈，渠成水到，两无争竞。清末，"近数十年以来，屡遇大水冲塌渠提（堤），小鲁渠有泛滥之患，丰稔渠致旱乾之忧。每当春夏引水灌田，动辄兴讼，已非一次"。原因是渠堤不固，以致两受其害。光绪三年，经抚彝厅、高台县断令"丰稔渠派夫修筑渠堤，以三丈为度，小鲁渠不得阻滞，……渠堤筑成以后，并令堤岸两旁栽杨树三百株，以固堤根。小鲁渠谊属地主，应随时防获（护）不得伤损，以尽同井相助之义。以后……渠沿设有不固，即由丰稔渠民人备夫修补，小鲁渠民不得阻滞勒掯。两造遵依，均无异言，各具切结投呈（抚

---

[1] 徐家瑞纂修：《高台县志》卷八《艺文志》，引阎汶：《重修镇夷五堡龙王庙碑》，民国十四年（1925）本。

彝）厅（高台）县两处备案"[1]。

石羊河流域的争水，则发生于下游镇番县（今民勤县）与上游武威县之间，主要有洪水河案、校尉渠案、羊下坝案。

洪水河案 镇番县大河河源之一的洪水河，发源于武威县高沟寨，下流到镇番县。康熙六十一年（1722），武威县高沟寨民于附边督宪湖内讨给执照开垦。镇番民申诉。经凉州、庄浪分府"亲诣河岸清查，显系镇番命脉。高沟堡民人毋得壅阻"，甘省巡抚批示："高沟寨原有田地，被风沙壅压，是以屯民有开垦之请。殊不知，镇番一卫金（全）赖洪水河浇灌，此湖一开，壅据上流，无怪镇（番）民有断绝咽喉之控。开垦永行禁止。"乾隆二年（1737），高沟堡民人二次赴上级控讨开垦，镇番县知县"阅志申详寝止"。乾隆八年（1743），"高沟寨兵民私行开垦，争霸河水互控。镇、道、府各宪，蒙府宪批武威县查审，关移本县，并移营汛，严禁高沟寨兵民，停止开垦，不得任其强筑堤坝，窃截水利，遂取兵丁等，永不堵浇。甘结"。乾隆十年（1745），经

---

[1] 徐家瑞纂修：《高台县志》卷八《艺文志》，民国十四年（1925）本。引《知县吴会同抚彝分府修渠碑记》。

镇番县民请求，上级批准"永勒碑府署"。[1]

校尉渠案 镇番县大河的另一河源石羊河，发源于武威城西北清水河。雍正三年（1725），武威县校尉沟民筑木堤数丈，壅清水河尾泉沟。镇番县民数千人呼吁。经凉州府监督府同知张批、凉州卫王星、镇番卫洪涣会勘审详。[2]"蒙批拆毁木堤，严饬霸党，照旧顺流镇番，令校尉沟无得拦阻。"[3]

羊下坝案 石羊河上游在武威，下流至镇番。雍正五年（1727），武威县金羊下坝民人谋于石羊河东岸开渠，讨照加垦，拦截石羊河水流，镇番民申诉，经武威县郑松龄、镇番县杜振宜会查[4]。"府宪批：石羊河既系镇番水利，何金羊下坝民人谋欲侵夺，又滋事端，本应惩究，姑念意虽萌而事未举，暂为宽宥。仰武威县严加禁止，速销前案，仍行申饬。"[5] 以上校尉

---

[1] 许协编：《镇番县志》卷四《水利考·水案》，道光五年（1825）本。

[2] 张珆美修，曾钧等纂：《五凉全志·镇番县志·地理志·水案》，乾隆十四年（1749）本。

[3] 许协编：《镇番县志》卷四《水利考·水案》，道光五年（1825）本。

[4] 张珆美修，曾钧等纂：《五凉全志》卷二《镇番县志·地理志·水案》，乾隆十四年（1749）本。

[5] 许协编：《镇番县志》卷四《水利考·水案》道光五年（1825）本。

渠案、羊下坝案两案处理经过结果："俱载碑记，同时立碑于郡城北门外龙王庙。"[1]

一县各渠坝间，同样会发生用水争端，而且对早先的分水方案，易发生控争。乾隆《甘州府志》云：张掖县"渠水易启争端，如八腊、牛王等庙前，有分府固丞及张掖令李廷桂均平水利各断案碑文，近若知府沈元辉、知县张若瀛之裁革孔洞碑，而圆通庵又有张掖令王廷赞，以孔洞所余，添一昼夜，加给四工，并送泮池、甘泉书院之水碑记"[2]。八腊、牛王等庙前的"均平水利各断案碑文"是对新争端的处理，东乐的争水，则"仍由旧章"。

镇番地处石羊河流域下游的沙漠边缘，水源短缺，各坝之间争水亦十分激烈。乾隆时，镇番大路坝屡次控争大红牌夏水、秋水水时少，乾隆五十四年（1789）"镇番县大路坝汪守库等控小二坝魏龙光争添水利，并红沙梁多占秋水、六坝湖多占冬水"[3]，"大路坝，按

---

[1] 张珏美修，曾钧等纂：《五凉全志·镇番县志·地理志·水案》，乾隆十五年（1750）本。

[2] 升允、长庚修，安维峻总纂：《甘肃新通志》卷十《舆地志·水利·张掖县》，引乾隆《甘州府志》，宣统元年（1909）本。

[3] 许协编：《镇番县志》卷四《水利考·碑例·县署碑记》，道光五年（1825）本。

粮应分水一昼夜十时三刻,乾隆五十六年(1791)控争,奉委武威、永(昌)二县勘断,因沟道遥远,拟定水九时四刻;复又控争";大路坝"原有秋水,后因头坝沙患移邱,将秋水一牌全行移去,以致大路竟无秋水,屡行控诉"。乾隆五十七年(1792)经镇番县、永昌县会同审理,重新分水[1]。

中国疆域广大,各地自然条件不同,社会矛盾的类型也不同。南方山区如徽州,人多地少,土地是重要资源。争夺土地的所有权是当地社会矛盾的主要形式之一。在北方干旱半干旱地区如河西走廊、河北滏阳河流域、关中各灌区,水是重要资源,争夺水资源的所有权和使用权是当地社会矛盾的主要形式之一。道光《镇番县志》云:"镇邑地介沙漠,全资水利。播种之多寡,恒视灌溉之广狭以为衡,而灌溉之广狭,必按粮数之轻重以分水,此吾邑所以论水不论地也。"[2]此论虽是对镇番县计粮均水的解释,但也可说明河西走廊地区人们比较重视水资源。近有论者说:"由于争

[1] 升允、长庚修,安维峻总纂:《甘肃新通志》卷十《舆地志·水利·镇番县》,引《五凉全志·乾隆五十七年镇番永昌会定水利章程》。

[2] 许协:《镇番县志》卷四《水利考》按语,道光五年(1825)本。

水斗争比较多，故华北的水利社会更多地体现了水权
的形成与分配。在江南水乡，水资源是丰富的，土地
是稀少的，斗争的焦点在于争地而不在于争水。……
正是水资源短缺程度的不同，才造成了南北水利社会
特点的差异。"[1] 此为确论。华北如此，西北也是如此。

二、争水矛盾的自然因素与社会因素

　　河西走廊争水矛盾的形成，有自然因素，也有社
会因素。先说自然因素。自然因素之一，是河西走廊
处于中温带干旱地带，作物生长期在 200 天左右。年
降水量呈东南向西北方向逐渐减少的趋势，介于 50—
200mm，年蒸发量为降水量的 12—26 倍；在金塔、鼎新、
民勤（即清镇番县）以北地区和安西等地，年降水量少
于 50mm，年蒸发量为降水量的 50—80 倍[2]。降水季节
分配不均，集中于 5 至 9 月，占全年降水量的 60%—

---

[1] 王建革：《河北平原水利与社会分析（1368—1949）》，《中国农史》
　　2002 年第 2 期。

[2] 石玉林等编著：《中国宜农荒地资源》，北京科学技术出版社，1985
　　年，第 281 页。

70%。山区各主要河流每年 10 月至次年 4 月为结冰期，6 月至 9 月径流量占全年的 70% 左右[1]，地表径流集中，有利于作物生育期灌溉。但是常因春水来迟，各河流下游发生春旱，4 月至 6 月正是灌溉用水最多季节，河流流量普遍偏小，往往供不应求。干旱少雨的自然条件，是河西走廊产生争水矛盾的根本的自然因素之一。

自然因素之二，是河西走廊南北山地的生态环境变化，引起高山积雪融水减少。西北水资源种类，除河流湖泊外，还有季节性积雪和冰川融水，冰雪夏季融化，可补给河川径流，调节河川径流的年内分配和多年变化[2]。河西走廊的黑河、石羊河等水系，发源于祁连山地，出山的河水，以各种形式渗入地下，形成山前平原的地下水。各水系的水源依赖冰雪融水的补充。清人对此有直观的认识。《甘州府志》云：甘州水有三，一曰河水，一曰泉水，一曰山谷水，"冬多雪，夏多暑，雪融水泛，山水出，河水涨，泉脉亦饶，以是水至为良田，水涸为弃壤。……张掖县黑水、弱水

---

[1]　马绳武主编：《中国自然地理》，高等教育出版社 1989 年，第 273 页。

[2]　施雅风总主编：《气候变化对西北华北水资源的影响》，山东科学技术出版社，1995 年，第 27 页。

漫衍之区，到处洼下，掘土成泉，滞则有沮洳之虞，疏则有灌溉之利"。[1]乾隆二十年（1755），陈宏谋说："河西之凉、甘、肃等处，历来夏间少雨，全仗南山积雪，入夏融化，流至山下，分渠导引，自南而北，由高而下，溉田而外，节节水磨，处处获利。凡渠水所到，树木阴翳，烟村庐列，否则一望沙碛，四无人烟。此乃天造地设，年年积雪，永供灌汲，资万民之生计。"[2] 以上引文说明，清人直观地认识到河西走廊水资源的类型，除了河水、泉水、山谷水外，还有冰雪融水，以及冰雪融水对河流流量、对农业灌溉的重要作用。

高山积雪的凝结和夏季冰雪融水的拦蓄，依赖高山森林。清代河西走廊森林植被破坏严重，如古浪县的黑松林已成童山，甘州府"北山多童山"[3]。林木遭砍伐，森林涵养水源困难，以致减少了高山积雪和冰川形成，从而影响了祁连山的冰雪融水。当时不少人都

---

[1] 升允、长庚修，安维峻总纂：《甘肃新通志》卷十《舆地志·水利·张掖县》，乾隆《甘州府志》。

[2] 陈宏谋：《饬修渠道以广水利疏》，见《清经世文编》卷一一四《工政二十》。

[3] 升允、长庚修，安维峻总纂：《甘肃新通志》卷七《舆地志·山川下》，宣统元年刻本。

提出保护河西走廊南部边缘高山森林植被的问题。乾隆十四年（1749）《永昌县志》作者指出："倘冬雪不盛，夏水不渤，常苦涸竭……且山水之流，裕于林木，蕴于冰雪。林木疏则雪不凝，而山水不给矣。泉水出湖波，湖波带潮色，似斥卤而常白，土人开种，泉源多淤。惟赖留心民瘼者，严法令以保南山之林木，使阴藏深厚，盛夏犹能积雪，则山水盈；留近泉之湖波，奸民不得开种，则泉流通矣。"[1]作者指出了河西走廊冰山积雪依赖森林涵养、保护森林等问题，并认为应当"严法令以保南山之林木"。

嘉庆时期，随着河西走廊森林植被的破坏，人们更深刻地认识到森林破坏影响了高山积雪，从而影响了灌溉，提出了保护河西走廊南山森林植被的建议。嘉庆时满族人苏宁阿任宁夏将军兼甘肃提督，他骑马带兵，溯流而上，考察黑河河源，写成《八宝山山脉说》《八宝山松林积雪说》《引黑河水灌溉甘州五十二渠说》。[2]苏宁阿《引黑河水灌溉甘州五十二渠说》："黑

[1] 张玿美修，曾钧等纂：《五凉全志》卷三《永昌县志·水利图说》。

[2] 柯英：《黑河："金张掖"农耕文明的命脉》，见《甘肃日报》2017年7月18日。

河出山后，至甘州之南七十里上龙王庙地方，即引入五十二渠灌田，甘州永赖，以为水利，是以甘州少旱灾者，因得黑河之水利故也。黑河之源不匮乏者，全仗八宝山一带山上之树多，能积雪融化归河也。河水涨溢溜高，方可引以入渠。若河水小而势低不高，则不能引入渠矣。所以八宝山一带山上之树木、积雪、水势之大小，于甘州年稔之丰歉攸关，宁娓娓孜孜绘图作说者为此尔。"[1] 作者认为八宝山一带山上树木之繁茂，决定了高山积雪多、黑河水源丰沛，从而决定了甘州农业的发展和人民生活的稳定。苏宁阿看重八宝山的地位，认为"八宝山为西宁、凉州、甘州、肃州周围数郡之镇山"[2]。作者又有《八宝山松林积雪说》："一斯门庆河西流，至八宝山之东，汇归黑河，而西达，过八宝山而北流出山，至甘州之西南，灌溉五十二渠。甘州人民之生计，全赖黑河之水，于春夏之交，其松林之积雪初融，灌入五十二渠灌田；于夏秋之交，二次雪融入黑河，灌入五十二渠，始保其收

---

[1] 《甘肃新通志》卷八九《艺文志》，引苏宁阿《引黑河水灌溉甘州五十二渠说》。

[2] 《甘肃新通志》卷八九《艺文志》，引苏宁阿《八宝山来脉说》。

获。若无八宝山一带之松树，冬雪至春末，一涌而融化，黑河涨溢，五十二渠不能承受，则有冲决之水灾。至夏秋，二次融化之雪水微弱，黑河水下而低，不能入渠灌田，则有报旱之虞。甘州居民之生计，全仗松树多而积雪，若被砍伐，不能积雪，大为民患。自当永远保护"[1]。《中国历史地图集》第八册"甘肃"幅有"伊斯们泌"村镇名[2]，疑"一斯门庆河"即黑水河之源野马川（又名八宝河），八宝山即祁连山。作者认为，春夏之交，八宝山一带高山积雪融水保证了甘州五十二渠有充足水源，从而保证庄稼生长；夏秋之交，高山积雪融水保证了甘州庄稼的收获。如无八宝山一带之松林，春夏一次融水强大，黑河涨溢，造成水灾；夏秋二次融水微弱，黑河水下而低，不能入渠灌，又要造成旱灾。所以"自当永远保护"[3]八宝山一带松林。为遏制黑河源头树木砍伐，专门向朝廷请求封山禁伐的圣旨，用生铁铸碑立在山前，上书："妄伐一树者斩。"他是历史上第一位提出保护黑河源并付诸实践的官

---

[1] 《甘肃新通志》卷八九《艺文志》，引苏宁阿《八宝山松林积雪说》。

[2] 谭其骧：《中国历史地图集》第八册，中华地图学社，1975 年。

[3] 《甘肃新通志》卷八九《艺文志》，引苏宁阿《八宝山松林积雪说》。

员。以上清人的议论说明，河西走廊南部高山森林植被变化，高山积雪融水减少，地表径流水源细微。

除自然因素外，还有许多社会因素。河流的流域与行政区划不一，上游占据地利优势，多拦截河水，使下游涸竭。黑河发源于张掖，经抚彝，而高台，最后流入沙漠，张掖、抚彝、高台之间的争水矛盾，多因此产生。

光绪六年（1880）高台县的一则碑文反映了当地人士对上游截断水流的看法："五堡地居河北下尾，黑河源自张掖来，西北由硖门折入流沙，临河两岸利赖之。每岁二月，弱水冷消，至立夏时，田苗始灌头水，头水毕，上游之水被张、抚、高各渠拦河阻坝，河水立时涸竭。直待五六月大雨时行，山水涨发，始能见水。水不畅旺，上河竭泽。此地田禾，大半土枯而苗槁矣。"[1] 阎汶身为镇夷五堡士人，他的描述更生动地反映了黑河流域上下游争水矛盾的缘由。清末《甘肃新通志》指出："高台水利，赖黑河灌溉，而黑河之源，起于甘州……但甘州渠口百十余道，广种稻田，以至

---

[1] 民国十四年（1925）《新纂高台县志》卷八《艺文志》，引阎汶：《重修镇夷五堡龙王庙碑》。

上流邀截，争水讦讼。"[1]石羊河流域亦然。乾隆十四年（1749）《五凉全志》："水既发源武威，则镇邑之水，乃武威分用之余流，遇山水充足，可照牌数轮浇。一值亢旱，武威居其上流，先行浇灌，下流细微，往往五六月间，水不敷用。"[2]作者们都看到了因河源与河流分属不同行政区域，而导致的争水矛盾。

开垦荒地湿地，增加耕地，直接造成新的用水矛盾。内地移民垦荒和官办屯田，增加了耕地。康熙五十三年（1714）制定了甘肃开垦荒地的措施：荒弃地亩，招民开垦；甘属水利，亟宜兴行；牛羊畜牧，令民孳生。[3]雍正五年（1727）甘肃平、庆、临、巩、甘、凉六府及肃州，招募2400户民户垦种，每户各分地土百亩。[4]同年，镇番县柳林湖"试种开垦"[5]。雍正十三年（1735），在凉州府镇番县柳林湖，肃州高台县毛目城、双树墩、三清湾、柔远堡、平川堡等，都设

---

[1] 《甘肃新通志》卷一〇《舆地志·水利·高台县》。

[2] 张珝美修，曾钧等纂：《五凉全志》卷二《镇番县志·地理志·水利图说》，乾隆十四年（1749）本。

[3] 《清圣祖实录》卷二六〇，康熙五十三年（1714）十月壬申。

[4] 《清世宗实录》卷六〇，雍正五年（1666）八月壬子。

[5] 《甘肃新通志》卷七《舆地志·山川下》镇番县条。

官主管屯田，并制订了劝惩条例[1]。这些地区耕地都有增加：乾隆四年（1739）武威县开垦旱地四顷六十亩[2]，乾隆十四年（1749）"柳林湖等处收获著有成效"[3]，乾隆二十六年（1761）高台县毛目等处垦水田五千二百亩[4]，乾隆三十五年（1770）高台县开垦荒地五百一十亩[5]。这些垦荒行为威胁了生态环境，又加剧了缺水危机。乾隆二十年（1755）陈宏谋说，甘肃"遇缺水之岁，则各争截灌；遇水旺之年，则随意挖泻。……此一带渠流，或归于镇番之柳林湖，或归于口外之毛目城，现在屯田，皆望渠水灌溉，多多益善"[6]。耕地面积扩大必然引起争水矛盾。

由于开垦面积扩大，沙化土地面积扩大，湖泊减少，又引起新的争水矛盾。石羊河水系，北流注入民勤（即镇番）盆地，6世纪，石羊河终端有许多尾闾湖

---

[1]《清高宗实录》卷九，雍正十三年（1735）十二月甲子。

[2]《清高宗实录》卷一四二，乾隆六年（1741）五月甲子。

[3]《清高宗实录》卷三五一，乾隆十四年（1749）十月。

[4]《清高宗实录》卷六四七，乾隆二六年十月辛卯。

[5]《清高宗实录》卷九九四，乾隆四十年（1775）四月乙巳。

[6] 陈宏谋：《饬修渠道以广水利疏》，见《清经世文编》卷一一四《工政二十》。

泊如昌宁湖、白亭海等，8世纪开始绿洲沙化严重[1]，至明清，这些尾闾湖开始干涸，原因是上游水土开发增加。镇番县大河，经苏武山北出边墙，至旗杆山麓，"原为入白亭海，近因分流灌溉，有若琼浆，更无遗滴至白亭海矣"。"昌宁湖，在县西一百二十里，源出永昌县南境。近因永人资为渠利，湖无来源，已就干涸，居民垦荒于此。"[2]甘州和镇番沙漠扩大，山丹河"镇邑既启，一泄无余，水落沙出，余波渗漏，渐以涸竭，今甘州之西、之东、之南、之北，沙阜崇隆，因风转徙，侵没田园，湮压庐舍"[3]。民勤县城受到风沙威胁，高沟堡废弃。农田沙化后，水渠渗漏加剧，要求从其他渠坝划出水时，引起水利纠纷，镇番县尤其明显。乾隆十四年（1749）《镇番县志》云：镇番县"沟埂有无沙患不一，无沙沟道，水可捷行，不失时刻；被沙沟渠，中多淤塞，遇风旋挑旋覆，水到亦细……盖镇邑地本沙漠，无深山大泽蓄水……惟恃大河一水，合

---

[1] 尹泽生等：《西北干旱区全新世环境变迁与人类文明》，见张兰生主编：《中国生存环境历史演变规律研究》，海洋出版社，1993年，第265、277页。

[2] 《甘肃新通志》卷七《舆地志·山川下》镇番县条。

[3] 《甘肃新通志》卷七《舆地志·山川下》镇番县条。

邑仰灌。……难使不足之水转而有余，所处之地势然也"[1]。这说明了湖泊水域面积减少、土地沙化后，增加新的用水矛盾。乾隆五十四年（1789）镇番县大路坝和大二坝，争挖小二坝多用水时，及其他渠坝多占秋水、冬水，就是因为大路坝和大二坝离渠口较远，风沙较重，沟淤道远，致使额定水时不敷浇灌，要求重新划分水时。这说明了湖泊减少、土地沙化后，又增加新的用水矛盾。

河源水脉融贯，用水时难以区分此疆彼界；地方官府各私其民，处理不力。高台县之下河清、马盐堡、上盐池三堡地方，用肃州之丰乐河水。雍正四年（1726），川陕总督岳钟琪说："肃州之丰乐河、高台县之黑水河，水脉融贯。用水之时，两地民人每致争讼。地方官又各私其民，偏徇不结。"岳钟琪由于官位较高，更易看到县官处理水利纠纷的不力。

迁移回民从事农业，与汉民屯田用水发生矛盾。岳钟琪还说，肃州"金塔寺营所属之威鲁堡，既已迁

---

[1] 张珰美修，曾钧等纂：《五凉全志》卷二《镇番县志·地理志·镇番水利图说》，乾隆十四年（1749）本。

住回民，而附近之王子庄、东坝等处，又有招垦之民户，凡伊等受田屯种，全资水利。旧时虽有河渠一道，已为民户所有，且水势微细，户民灌溉之外，回民田庄不能沾足，兼之汉、回共用此水，将来农事所资，恐起争占之渐"[1]。回民、汉民都需要水利灌溉，加之水利不足，争水矛盾在所难免。他预言了汉回用水矛盾。要之，争水矛盾的产生，既有自然条件因素，又有社会因素，而两者有时互为因果。人为因素引起生态环境变化，变化了的生态环境又影响了社会发展。

水利不足，影响了河西走廊各县农业与社会发展。清人常有这样的感叹，镇番县"不足之日多，有余之时少，故蹉（蕞）尔一隅，草泽视粪田独广，沙碱较沃壤颇宽。皆以额粮正水且虑不敷，故不能多方灌溉，尽食地德"，"皆水利之未尽也"[2]。其意即，镇番县面积虽小，但土地开垦不广，荒地比熟田多，盐碱地比沃壤多。其根本原因在于水资源不足，为国家

---

[1] 岳钟琪：《建设肃州议》，见《甘肃新通志》卷八八。

[2] 张玿美修，曾钧纂：《五凉全志》卷二《镇番县志·地理志·水利图说》，乾隆十四年（1749）本。

纳税的土地尚不敷灌溉，更不用说开垦荒地，发展地利。茹仪丰，字子庭，宛平人。康熙十八年（1679）任陕西岐山知县。康熙二十五年（1686）任甘肃按察副使，作为兵备道，兼理屯田水利。他主持兴修水利，在临水至双井，东西60里，南北20里，垦地5000亩，64家居民耕垦纳粮，是渠被称为"茹公渠"。又在红水坝东开洞子渠20里，灌田千亩。梁份《茹公渠记》说："肃自哈喇灰之祸，虽休养生聚，于今六十年。迩来增置大镇，而民生起色，犹且远逊甘、凉。……夫肃当祁连弱水间，广二百七十里，袤不及百里，山泽居其半，地狭民希（稀），而塞云荒草，弥望萧条者，火耕水种，擐甲荷戈，一民而百役也。岂非屯田水利之不讲？则民物不殷阜之过与？"[1]梁份认为肃州经济发展不如汉唐，主要是因为水利不修。此可以推及之。

---

[1] 梁份：《茹公渠记》，见《清经世文编》卷一一四《工政二十》。

清代河西走廊的水资源分配制度

——黑河、石羊河流域水利制度的个案考察

清代河西走廊黑河、石羊河流域的水利问题，学术界已有的研究成果，在两方面比较突出：一是综述水利工程和灌溉面积[1]，二是梳理"水案"文献[2]，这些都是很有意义的。在已有研究成果基础上，我的工作集中于两方面，一方面分析争水矛盾的类型，造成争水矛盾的自然因素与社会因素，另一方面，探究解决争水矛盾的政策措施即分水制度的内容与作用等问题，以期比较全面地、深刻地认识清代河西走廊的水

---

[1] 水利水电科学研究院《中国水利史稿》编写组：《中国水利史稿（下册）》，水利电力出版社，1989年，第190—192页。

[2] 李并成：《明清时期河西地区"水案"史料的梳理研究》，《西北师大学报》2002年第6期。

资源利用、管理与分配问题，并对今天的"资源水利"制度创新提供有益的启示。争水矛盾是河西走廊地区主要的社会矛盾之一。由于河西走廊争水矛盾的普遍性，为解决水利纷争，国家和地方政府，共同建立了不同层次的分水制度，即流域内上下游各县之间的一次分水，一县内各渠坝之间的二次分水，一渠坝内部各使水利户之间的三次分水，力图使各县之间、各渠坝、各农户之间平均用水。分水的技术方法是确定水期、水额。分水的制度原则有二：一是公平原则，即按地理远近；二是效率原则，即按修渠人夫使水、计亩均水和按粮均水，计亩均水多实行于水源丰沛地区，按粮均水多实行于水源短缺地区。分水制度在一定程度上缓解了水利纷争。地方各级政府发挥了调节平均用水的职能。

一、分水制度的建立

清代河西走廊的水利纷争是当地主要的社会矛盾之一，以黑河、石羊河等流域为例，水利纷争的主要类型有三种。一是河流上下游各县之间的争水，如，黑河流域下游高台县，与上游抚彝厅（今临泽县）、张掖县之间的争水；石羊河流域下游镇番县（今民勤县）与上游武威县之间的争水。二是一县内各渠、各坝（坝为子渠，下同）之间的争水，如镇番县各渠坝之间的争水。三是一坝内各使水利户之间的争水。第一、二类水利纠纷程度最激烈，动用武力，互相控诉，地方各级政府的调控作用最大。乾隆《古浪县志》："河西讼案之大者，莫过于水利，一起争讼，连年不解，或截坝填河，或聚众毒打，如武威之乌牛、高头坝，其往事可鉴也。"[1] 地方各级政府的调控作用，体现于各层次，但处理第一类水利纠纷最多，其次是第二类水利纠纷。府县断案即处理各种类型的争水纠纷，文案，一存府县档案，二存府县州官署中或龙王庙前的碑刻，三存新修、续修《县志》《府志》《州志》中，称为"水案""水碑记""水利碑文""断案碑文"等。碑刻存世的时间会久远一些，其作用在杜绝争竞，使当前的水利纠纷有所缓和；地方志中所载分水文件详近略远，其作用在垂之久远，使后来的分水有所借鉴。

　　解决争水矛盾的方法，除了新开灌渠外，主要是

---

[1] 张珂美修，曾钧纂：《五凉全志》卷四《古浪县志·地理志·水利图说》，引《水利碑文说》，乾隆十四年（1749）本。

建立各种不同层次的分水制度，有河流上下游各县之间的分水，可称为一次分水；有一县各渠坝之间的分水，可称为二次分水；有一渠坝各使水利户之间的分水，可称为三次分水。各县之间的分水，按照先下游、后上游的原则分配，由各县协商解决；如协调不成，则由上级协调，甚至调用兵力，强行分水。

地方政府在处理黑河流域的镇夷五堡争水案件中，使用了武力。高台县镇夷五堡处于黑河下游，上游的张掖、抚彝、高台各渠截断水流。康熙五十八年（1719），高台县镇夷五堡生员岳某等，向陕甘总督年羹尧控诉，"蒙奏准定案，以芒种前十日，委安肃道宪亲赴张（掖）、抚（彝）、高（台）各渠，封闭渠口十日，俾河水下流，浇灌镇夷五堡及毛目二屯田苗。十日之内，不遵定章，擅犯水规渠分，每一时，罚制钱二百串文。各县不得干预。历办俱有成案。近年芒种以前，安肃道宪转委毛目分县率领丁夫，驻高（台）均水，威权一如遇道宪状。"[1] 这种以兵力临境分水的情形，较少见。

有时要动用巨款交涉，如高台县三清渠，渠口开

---

[1]　阎汶：《重修镇夷五堡龙王庙碑》，见《新纂高台县志》卷八《艺文志》，民国十四年（1925）刻本。

在抚彝厅，"交涉极多，费款甚巨"[1]。黑河流域，高台县之丰稔渠口，在抚彝之小鲁渠界内，光绪时期发生纠纷，光绪三年（1877）抚彝厅和高台县处理，分水文件不仅在"厅、县两处备案"，而且还以纪事的形式，刊刻于碑记。[2]

石羊河流域的洪水河案、校尉渠案、羊下坝案三案，地方政府断案文件，即重新分水文件，都被刊诸碑，称为"断案碑文"。洪水河案碑刻，立于凉州府府署。校尉渠案和羊下坝案的断案文件，即分水文件，则被刊刻于"郡城北门外龙王庙"。

洪水河案：康熙六十一年（1722），武威县高沟寨民因开垦湖地而阻截水流，与镇番县发生争水矛盾，双方多次上诉互控，乾隆二年（1737）、乾隆八年（1743）曾作过处理，乾隆十年（1745），经镇番县民请求，上级批准"永勒碑府署"。

校尉渠案：雍正三年（1725），武威县校尉沟，人

---

[1] 《新纂高台县志》卷一《舆地志·水利·各渠里亩》，民国十四年（1925）本。

[2] 《知县吴会同抚彝分府修渠碑记》，见《新纂高台县志》卷八《艺文志》，民国十四年（1925）本。

民筑木堤拦截清水河水流。镇番县人民数千人，呼吁控诉。凉州府批由凉州卫和镇番卫，会勘详细审查。

羊下坝案：雍正五年（1727），武威羊下坝民计划于石羊河东岸开渠，讨照开垦，拦截石羊河水流，镇番人民申诉。经凉州府判令"武威县严加禁止，速销前案，仍行申饬"[1]。校尉渠案、羊下坝案两案处理结果："俱载碑记，同时立碑于郡城北门外龙王庙。"[2]

一县内各渠坝的分水，由县府根据先下游后上游和各渠坝地亩、承担的粮草等，进行水资源分配。分水方案，包括各县承担的税粮定额（额粮）各渠坝的水额、水时、水期、使水花户（又叫使水利户、利户）、分水口、子渠支渠长度、渠口尺寸等。县府把分水方案及管理制度的内容概述等刻石立碑，置于县署或龙王庙，称为"渠坝水利碑"，以便于农户遵行和政府管理。例如，康熙四十一年（1702）镇番卫守备童振立大倒坝碑，雍正五年（1727）镇番县知县杜振宜立小

---

[1] 许协：《镇番县志》道光《镇番县志》卷四《水利考·水案》，道光五年（1825）本。

[2] 张珩美修、曾钧纂：《五凉全志》卷二《镇番县志·地理志·水利图说》，乾隆十四年（1749）本。

倒坝碑，俱在县署[1]。乾隆十四年（1749）知县江鲲立
首四坝水利碑，乾隆四十二年（1777）知县杨有澳立
红沙梁水利碑。水利碑刻不仅立于县署或龙王庙，还
收存于地方志中。例如，道光《镇番县志》中就有镇
番龙王庙碑、屯坝水利碑、水四坝水利碑、红沙梁水
利碑、各坝水利碑、沙湾水利碑。

又如，乾隆八年（1743）古浪县县令安泰勒石"渠
坝水利碑文"亦应立于县署[2]。古浪县"渠坝水利碑文"
规定，各渠坝都有各自的使水花户册一式二本。"各
坝各使水花户册一样二本，钤印一本，存县一本。管
水乡老收执，稍有不均，据簿查对。"

各渠坝都有管理水利人员，其先，各县都有水利
通判，掌管全县各渠坝的分水则例和分配方案，康熙
三十四年（1695）开始设立水利老人（简称水老、水
者）。乾隆时裁撤水利通判，由水利老人专门管理水利。
"各坝水利乡老，务于渠道上下，不时巡视，倘被山

---

[1] 张珆美修，曾钧纂：《五凉全志》卷二《镇番县志·地理志·水利·水
利图说》，乾隆十四年（1749）本。

[2] 张珆美修，曾钧纂：《五凉全志》卷四《古浪县志·地理志·水利碑
文说》，乾隆十四年（1749）本。

水涨发冲坏，或因天雨坍塌，以及淤塞浅窄，催令急为修理，不得漠视"；"各坝水利乡老，务需不时劝谕，化导农民，若非己水，不得强行邀截混争，如违，禀县处治"；"各坝修浚渠道，绅衿士庶，俱按粮派夫，如有管水乡老，派夫不均，致有偏枯受累之家，禀县拿究。"[1] 水利乡老，负责监督农户按分水册的水量灌溉，以及正常渠坝维修的派夫等工作。一渠内还有渠长或渠首，负责监督日常分水。

全县各渠坝的分水则例和分配方案，一经确立，则由县府的水利通判、各渠坝的水利老人（又叫水老），掌握各渠坝的使水花户册（又叫分水册、分水簿）。各渠坝水利老人根据使水花户册，负责日常水利管理、组织维护。

县府的水利通判，掌管全县各渠坝的分水则例和分配方案。发生纠纷则由县、府等断案。各县设立水利通判的时间不一。镇番县，约于康熙四十一年（1702）设水利老人和水利通判[2]。武威县，于乾隆元年（1736）

---

[1] 张珆美修，曾钧纂：《五凉全志》卷二四《古浪县志·地理志·渠坝水利碑文》，乾隆十四年（1749）本。

[2] 许协：《镇番县志》卷四《水利考·董事》，道光五年（1825）本。

设立水利通判一员,管理柳林湖屯科地屯垦[1]。古浪县,约于乾隆八年（1743），设置水利老人。[2]

分水制度的建立，既有县级政府具体的分水方案，以及府县中水利官员的常设，还有分水的技术方法、分水的制度原则等。分水制度的维护和完善，则体现在水利老人、渠长的日常维护，发生水利纷争时，地方各级政府的调控，以及上级官员的建议和规划等。各种分水文件保存或刊刻于碑石，则特别重要，成为农户遵行和政府管理的主要文本依据。

分水制度一经建立，就具有相对的稳定性。但随着环境、气候、水利、农业、社会等多种因素的发展，原先的分水制度会有所变化调整，这就是河西走廊会有那么多"水案"的原因。分水制度，是在动态和静态的互相矛盾和协调中发展的。乾隆二十年（1755），陈宏谋指出甘肃用水的弊端："遇缺水之岁，则各争截灌；遇水旺之年，则随意挖泄。……此一带渠流，或

---

[1]　张珩美修，曾钧纂：《五凉全志》卷一《武威县志·地理志·田亩·柳林湖》，乾隆十四年（1749）本。

[2]　张珩美修，曾钧纂：《五凉全志》卷四《古浪县志·地理志·水利图说》，乾隆十四年（1749）本。

归于镇番之柳林湖，或归于口外之毛目城，现在屯田，皆望渠水灌溉，多多益善。上游引灌已足，正可留灌下游，断不应听其到处冲漫，散流于荒郊断港之区也。"他要求完善分水制度："仰即查明境内所有大小水渠，名目里数，造册通报，向后责成该州县农隙时，督率近渠得利之民，分段计里，合力公修。或筑渠堤，或浚渠身，或开支渠，或增木石木槽，或筑坝蓄泻，务使水归渠中，顺流分灌，水少之年，涓滴俱归农田，水旺之年，下游均得其利，不可再听散漫荒郊，冲陷道路。而水深之渠，则架桥以便行人。其平时如何分力合作，及至需水，如何按日分灌，或设水老、渠长，专司其事之处，务令公同定议，永远遵行。"[1] 体现了上级官员对完善河西走廊分水制度的建议和今后发展方向的规划等。

二、分水的技术方法

河西走廊分水制度的内容很复杂，既有分水的制

---

[1] 陈宏谋：《饬修渠道以广水利疏》，见魏源：《皇朝经世文编》卷一一四《工政二十》，中华书局，1992 年。

度原则，又有分水的技术方法。河西走廊的分水，要依时间确立使水的日期或定额。传统计时方法是干支计时，把一昼夜的时间分为十二时辰，以子丑寅卯等地支表示，每个时辰分八刻。民间计时方法之一是点香为度，以一炷或几炷香燃烧的时间长度来计时，即记为一个时辰的单位。

由于水源珍贵，分水不仅计算到时辰，而且计算到刻（文献中记为"个"）、分。假定渠道的长、宽、深不变，水的流速不变，水的流量为常数，根据一定的原则确定使水的日期或定额。分水的技术方法之一是确立水期、水额。水期，是使水的期间。水额，是使水的定额，又叫额水。武威、高台、永昌等县，通行水期。乾隆《武威县志》："武威四乡，分为六渠：金渠、大渠、永渠、杂渠、怀渠、黄渠。每渠分为十坝。六渠各坝共计一万一千一百六十八庄。本城五所四关厢，共计九千一百八家"[1]。武威县的灌溉水按6渠、60坝（子渠）、20 276庄（家）逐级分配。在农村，水分到各庄后，还要按田畦分配。黄渠，即黄羊渠，从

---

[1] 张玿美修，曾钧纂：《五凉全志》卷一《武威县志·地理志·保甲》，乾隆十四年（1749）本。

水峡口起，渠道东边，分头、二、三、四、五、六坝，共计六坝，每坝地亩大小不同，或分上、中、下三畦，或分上、下两畦。西边分缠山、黄小七坝、黄大七坝、外有黄双塔下五坝，共计五坝，"水则：俱由上至下；各沟浇水，自下而上"[1]。即各坝一齐开沟，自上而下；各沟浇水，自下而上。"轮日接浇，各有定期。"[2]黄羊渠东边从黄头坝、黄二坝、黄三坝、黄四坝、黄六坝，水日分别是三十四日、三十二昼夜、三十九昼夜、四十日、二十日、三十六日；西边黄缠山沟、黄小七坝、黄大七坝、黄双塔下五坝，水日分别是十五昼夜、二十二昼夜、二十一昼夜、三十九昼夜。各坝分水后，再按庄（家）分水。[3]金渠即县南金塔渠，出川后，"坝以左右名，分水续浇，迎轮上左有七、六、五、四、三、二、一，凡七坝，轮日二十九，夏四五月全河水，

---

[1] 张珝美修，曾钧纂：《五凉全志》卷一《武威县志·地理志·田亩》，乾隆十四年（1749）本。

[2] 升允、长庚修，安维峻总纂：《甘肃新通志》卷一〇《舆地志·水利》武威县条，宣统元年（1909）本。

[3] 张珝美修，曾钧纂：《五凉全志·武威县志·地理志·保甲》，乾隆十四年（1749）本。

轮日三；六月，轮日二"[1]。羊下坝，夏四五月全河水，轮日 3；六月，轮日 2。怀渠即县西怀安渠，怀渠和永渠，分水浇灌，各日 29。又有双塔下 5 坝，轮水日 29。[2] 高台县的灌溉水源较多，有黑河，还有以祁连山冰雪融水为源的摆浪河、水关河、石灰关河。其中引摆浪河各渠都有水期，暖泉渠"每月均水二十五昼夜，与番族毗连，番族均水五昼夜。汉番两族食水利者七十户"。新坝渠"每月初一日开口,受水九昼夜"。暖泉旧沟渠"水期：每月初十日寅时开，十三日午时闭。食水利者八十户"。暖泉新沟渠"水期：每月十三日午时开，十五日寅时闭。食水利者六十户"。其他各坝都有水期。许三湾渠，"水期各照旧章。食水利者一十五户"，顺德中坝、下坝三渠，"水期：二、三、八、九月，十六日酉时开，二十一日寅时闭；四、七月，二十日酉时开，二十五日寅时闭；五、六月，十八日酉时开,二十五日寅时闭。食水利者一百户"。顺德黑、元山黑四坝二渠，"水期：二、三、八、九月，十五日

[1] 《甘肃新通志》卷一〇《舆地志·水利》，"武威县"条。

[2] 升允、长庚修，安维峻总纂：《甘肃新通志》卷一〇《舆地志·水利》武威县条，宣统元年（1909）本。

寅时开，十六日酉时闭；四、七月，十九日寅时开；五、六月，十七日寅时开。食水利者六十户"。从仁上坝、小坝二渠水期：二、三、八、九月，二十三日寅时开，（次月）初一日寅时闭；四、七月，二十五日寅时开，（次月）初一日寅时闭；五、六月，二十三日寅时开，（次月）初一日寅时闭。食水利者三百户，红沙梁渠"定例十七日为一轮"。[1]

水额，是使水的定额。计粮均水，因此有水额。古浪、镇番等县通行水额。各渠坝都有水额。镇番县引石羊大河各渠坝，浇灌各有牌期[2]。由于水利资源的变化，乾隆十四年（1749）、乾隆五十七年（1792），道光五年（1825）《县志》所载镇番县水的牌期不一，说明水资源丰枯不一。乾隆十四年（1749）《镇番县志·水例》所载水的牌期为：头牌水（又叫出河水、小倒坝）27昼夜、二牌水（大倒坝）35昼夜零、三牌水35昼夜、四牌水25昼夜[3]。春水、秋水不在分牌之例，

---

[1] 徐家瑞纂修：《新纂高台县志》卷一《舆地·水利》，民国十四年刻本。

[2] 牌期，由县府规定的使水日期、水量，用红字刻于木牌上，立于渠坝之上，各渠、支渠即坝，农户遵照执行，不得违背。

[3] 张玿美修，曾钧等纂：《五凉全志》卷一《镇番县志·地理志·水利图说》，乾隆十四年（1749）本。

总计四牌水 122 昼夜。乾隆五十七年（1792），镇番县把灌溉水分为春水、小红牌夏水、大红牌夏水、第四牌、秋水、冬水六牌。惊蛰以前为冬水，惊蛰以后为春水。或者说水至清明次日归川，名春水，亦名出河水。自立夏前四日迄小满第八日为小红牌，自小满第八日迄立秋第四日为大红牌。夏水两牌节次轮灌。自立秋第四日迄白露前一日为秋水。其中大红牌夏水又分为大红牌、夏水。春水"自清明次一日子时，至立夏前四日卯时止，共水二十六昼夜"。小红牌夏水"自立夏前四日辰时起，至小满第八日卯时止，共水二十七昼夜"。大红牌、夏水二牌"自小满第八日辰时起，至立秋前四日丑时止，每牌三十五昼夜五时"，共 70 昼夜 10 时。第四牌"自立秋第四日寅时起，至白露前一日午时止，共水二十六昼夜五时"。秋水"自白露前一日未时起，至寒露九日丑时止，三十九昼夜三时"。冬水"自寒露后九日巳时，至立冬后五日亥时止，二十六昼夜七时"；"立冬后六日子时起，至小雪日亥时止，六坝湖应分冬水十昼夜"：冬水共 36 昼夜 7 时。总计一年各牌期水 226 昼夜 [1]。道光五年（1825）《镇番县志》中，镇番水牌中已无春水一牌。方志所载水的牌期滞后于客观实际，说明随着气候变干和水源短缺，镇番县已无春水可分。古浪县，乾隆《古浪县志》中，古浪县"渠坝水利碑文"载各坝水额，如头坝"额水四百余时"，三坝"额水七百一十四个时"等 [2]。

牌期已定，再分配各渠用水定额。镇番各渠用水都有定额。历史上和文献中，有两种表述水额的方法。一种是以牌期为纲，以各渠坝为目，把一牌之水分给各渠坝。例如，乾隆五十七年（1792）的新定水利章程中，第四牌水的分配方案如下："首四坝应分水三昼夜十时，润河水二昼夜四时四刻，藉田水二时，共水六昼夜四时四刻。次四坝应分水三昼夜三时，润河水十时，共水四（三）昼夜一（十一）时。小二坝应分水四昼夜十一时。更名坝应分水一昼夜六时，润河水一时六刻，共水一昼夜七时六刻。大二坝应分水四昼夜

---

[1] 升允、长庚修，安维峻总纂：《甘肃新通志》卷一〇《舆地志·水利》，镇番县条下，引《乾隆五十七年镇番永昌会定水利章程》，宣统元年（1909）本。

[2] 张玿美修，曾钧纂：《五凉全志》卷四《古浪县志·地理志·田亩》，乾隆十四年（1749）本。

七时，润河水一昼夜八时，共水六昼夜三时。宋寺沟应分水五时六刻，润河水一时，共水六时六刻。河东新沟应分水二时。大路坝应分水一昼夜三时二刻，前加润河水九时四刻，今又拨小二坝润河水一时二刻，红沙梁拨出秋水三时，共水二（一）昼夜五（三）时（十刻）。"[1]其他五牌水，也都按一定的原则分配给各渠坝。

另一是以各渠坝为纲，牌期为目，把各牌期水分配给各渠坝。例如，道光五年（1825），镇番县首四坝、次四坝、小二坝各坝的水额如下："（首）四坝额：小红牌五昼夜五刻，大红牌每牌八昼夜，秋水四昼夜四时四刻，冬水六昼夜一时。润河、籍田水时在内。次四坝额：小红牌四昼夜四时，大红牌每牌五昼夜六时五刻。秋水四昼夜一时，冬水三昼夜八时。润河在内。小二坝额：小红牌六昼夜七时，大红牌每牌七昼夜一时六刻，秋水四昼夜十一时，冬水五昼夜一时。"[2]其他各坝，也都有相应的水额，只是道光五年（1825）各坝均无春水一牌。这说明随着气候的变化，镇番县春季

---

[1] 升允、长庚修，安维峻总纂：《甘肃新通志》卷一○《舆地志·水利》，引《乾隆五十七年镇番永昌会定水利章程》，宣统元年（1909）本。

[2] 许协：《镇番县志》卷四《水利考·水额》，道光五年（1825）本。

水源枯竭，无春水可分。要之，牌期是根据河水、季节、农作物生长等情况对一年中各时期灌溉水的分配方案。镇番县、古浪县的水额（或额水），武威、高台的水期，都是以时间确定水量，都是关于分水的不同的技术方法。至于各渠坝为什么分到的水额、水期不一，则是由分水的制度原则决定的。

三、分水的制度原则

分水的制度原则有二：

一是公平原则，依据所处的自然地理位置，即离渠口的远近，先下游后上游。公平原则，一般通行于各县之间、各渠坝之间、各子渠支渠之间、各使水利户之间。只有个别的例外。

二是效率原则，即按修渠出人夫多寡分水、计粮均水（照粮分时、照粮摊算）、计亩均水三种分水原则。效率原则，各县各渠坝，因水因地而异。

按修渠人夫使水 高台县纳凌渠上中下各子渠"按出夫多寡使水，定期十日一轮"，新开渠上中下各子渠"按人夫多寡使水"，乐善渠三子渠"按人夫多寡照章使水","旧有股介、汗章子渠二道,出夫二十一名,灌田一千二百四十六亩"[1]。

计粮均水(照粮分时、照粮摊算) 即按照缴纳税粮草数量分水。武威、古浪、镇番等县实行计粮均水。武威县有六渠:金渠、大渠、永渠、杂渠、怀渠、黄渠。六渠分水,原则是"凡浇灌,昼夜多寡不同,或地土肥瘠,或粮草轻重,道里远近定制"[2]。"道里远近定制",即以各田畦离渠坝出水口的远近,先远后近;"粮草轻重"与"地土肥瘠"相关,粮草轻重即赋税等级(简称"赋则")是按照地土肥瘠来确定的。乾隆《武威县志》:"上山田赋轻,然地少获寡;其地多而赋重为水田,即间轻者,赋与地亦略相等。"[3]即武威县根据"赋则"和"道里远近"来分水。如黄羊渠耕地 10 690 石;杂木渠,耕地 12 935 石;大七渠,耕地 8846 石;金塔渠,耕地 10 512 石;怀安渠,耕地 13 409 石;永昌渠耕地 14 640 石:六渠共地 70 939 石,计亩 115 185 顷

[1] 《新纂高台县志》卷一《舆地·水利》,民国十四年(1925)本。

[2] 张珂美修,曾钧等纂:《五凉全志》卷一《武威县志·地理志·水利图说》,乾隆十四年(1749)本。

[3] 张珂美修,曾钧等纂:《五凉全志》卷一《武威县志·地理志·水利图说》,乾隆十四年(1749)本。

85亩[1]。这种以土地缴纳税粮数量来计算耕地单位的做法，体现了计粮均水的分水原则。乾隆十四年（1749）《武威县志》云：武威县"渠口有丈尺，开凿有分寸，轮浇有次第，期限有时刻。总以旧案红牌为断"[2]。

古浪县有古浪渠暖泉坝、长流坝、头坝、三坝、四坝、上下五坝、包坯坝、西山坝、土门渠暖泉坝、头坝、二坝东沟、二坝西沟、新河王府、大靖渠山水三坝、泉水坝等。各坝的分水原则是按额征粮、草，分配水时。乾隆八年（1743）县令安泰勒石《渠坝水利碑文》，备载各坝位置、渠口闸口尺寸及位置、额征粮草、使水花户、渠水长度等。如长流坝"额水粮二百九十石，草随粮数。额正、润水三百五十五个时。使水花户共五十八户"。头坝"额征水粮三百五十石零，草随粮数。额水四百余时，使水花户五十余户"。三坝"额粮六百六十四石二斗四升七合一勺，草随粮数。额水七百一十四个时。使水花户一百余户"。"古浪诸

_____

[1] 张珆美修，曾钧等纂：《五凉全志》卷一《武威县志·地理志·田亩》，乾隆十四年（1749）本。

[2] 张珆美修，曾钧等纂：《五凉全志》卷一《武威县志·地理志·水利·武威水利图说》，乾隆十四年（1749）本。

水田，其坝口有丈尺，立红牌刻限，次第浇灌，……使水之家，但立水簿，开载额粮，暨用水时刻"[1]。乾隆十四年（1749）《五凉全志·古浪县志》：古浪"今更勒宪示碑文，按地载粮，按粮均水，依成规以立铁案"[2]。又说："古浪诸水田，其坝口有丈尺，立红牌刻限，次第浇灌……使水之家，但立水簿，开载额粮，暨用水时刻。"[3]这都说明古浪县的分水，还是"按地载粮，按粮均水"。

在镇番县，渠坝既是征收税粮单位，也是分水单位。镇番县有四大渠：外西渠、内西渠、中渠、东渠。每大渠下有支渠。乾隆十四年（1749）有四坝、小二坝、更名坝、大二坝、头坝、六坝、大路坝。头牌水（即出河水）"二十七昼夜，每粮二百六十八石分水一昼夜，为小倒坝，上下各（坝）轮流一周"，二牌水"额时刻三十五昼夜零，每粮二百五十石，分水一昼夜，为大倒坝，上下各坝轮流一次"。各坝都依据承担税粮数

---

[1] 张玿美修，曾钧等纂：《五凉全志》卷四《古浪县志·地理志·水利图说》，乾隆十四年（1749）本。

[2] 张玿美修，曾钧等纂：《五凉全志》卷四《古浪县志·地理志·水利·水例碑文说》，乾隆十四年（1749）本。

[3] 张玿美修，曾钧等纂：《五凉全志》卷四《古浪县志·地理志·水利·古浪水利图说》，乾隆十四年（1749）本。

分配额水[1]。乾隆五十七年（1792）至道光五年（1825），镇番的坝和属沟，有首四坝、次四坝、小二坝、更名坝、大二坝、宋寺沟、河东新沟、大路坝、移邱之红沙梁、北新沟、大滩。支渠下又各有属沟即子渠不等[2]。道光《镇番县志》："四坝（渠）俱照粮均分"[3]，镇番实征正粮5260余石，四渠各坝共承粮4345石[4]。先算出每百石正粮应分得的水时，根据这个比例和各渠坝承粮数，分配各渠坝的水时。如小红牌夏水共27昼夜，其分配方案："每一百石粮该分水七时三刻六分……首四坝共承粮八百一十五石八斗一升二合，应分水五昼夜零五刻；次四坝共承粮七百零七石六斗，应分水四昼夜四时；小二坝共承粮一千零七十一石六斗三升五合八勺，应分水六昼夜七时；大二坝，共承粮九百九十五石二斗六升一合五勺，应分水六昼夜十时四刻；更名坝，共承粮三百三十三石八斗三合零，应分水二昼夜五刻；（宋）寺沟，共承粮一百零一石，应分水十时；

---

[1] 张珌美修，曾钧等纂：《五凉全志》卷二《镇番县志·地理志·水利图说》，乾隆十四年（1749）本。

[2] 许协：《镇番县志》卷四《水利考·水道》，道光五年（1825）本。

[3] 许协：《镇番县志》卷四《水利考》，道光五年（1825）本。

[4] 许协：《镇番县志》卷四《水利考·县署碑记》，道光五年（1825）本。

河东新沟，共承粮四十石二斗九升五合五勺，应分水三时；大路坝，共承粮二百八十石三斗六升三勺，应分水一昼夜九时一刻，于首四坝内划出水时内，加水二时七刻，共水二昼夜。"[1] 其他各牌，多照此办法分配。由于各渠坝承粮数固定，而各牌水期限不一，因此每百石粮应分的水时不一，各渠坝分得的各牌水时就不一。如小红牌每 100 石粮该分水 7 时 3 刻 6 分，大红牌每粮 100 石应分水 8 时，这样，同一渠坝，分得的小红牌夏水和大红牌夏水就不一样，这完全是因为各牌水期限不一。总之，要根据粮数和水量的情况分水。各渠坝下的子渠即属沟，也是照此办法分水。

由于实行计粮均水，以粮石为单位，表示河渠的浇灌能力，如安西直隶州引苏赖河（疏勒河）水成屯田渠、余丁渠、回民渠三总渠，文献表述其灌溉能力为："余丁渠……引水溉田一千三百石；回民北渠……灌溉回民三堡地，共地三千五百石，咸利焉；回民南渠……

---

[1] 升允、长庚修，安维峻总纂：《甘肃新通志》卷一〇《舆地志·水利》，镇番县条下引《乾隆五十七年镇番永昌会定水利章程》，宣统元年（1909）本。

溉新垦地二千三百石"[1]。

照粮分水具有习惯法的性质。乾隆《五凉全志》：古浪县"数十年来未争水利。今更勒宪示碑文，按地载粮，按粮均水，依成规以立铁案。法诚善哉。间有不平之鸣，曲直据此而判，（张）仪、（苏）秦无所用其辨，（张）良、（陈）平无所用其智，片言可析，事息人宁，贻乐利于无穷矣"[2]。武威县"渠口有丈尺。开凿有分寸，轮浇有次第，期限有时刻。总以旧案红牌为断"[3]。乾隆《五凉全志·镇番县志》：镇番县"照粮分水，遵县红牌，额定昼夜时刻，自下而上，轮流浇灌"[4]。乾隆五十七年（1792）镇番、永昌知县在处理水利争端时指出："仍照旧规，各按节气浇灌，无庸置议。……各坝仍照旧规，按时分浇。……按粮均水，乃不易成规。当即调取各坝承粮实征红册查核，……按照实征

[1] 升允、长庚修，安维峻总纂：《甘肃新通志》卷一〇《舆地志·水利》，安西直隶州，宣统元年（1909）本。

[2] 张珤美修，曾钧等纂：《五凉全志》卷四《古浪县志·地理志·水利·水利碑文说》，乾隆十四年（1749）本。

[3] 张珤美修，曾钧等纂：《五凉全志》卷四《武威县志·地理志·水利·武威水利图说》，乾隆十四年（1749）本。

[4] 张珤美修，曾钧等纂：《五凉全志》卷二《镇番县志·镇番水利图说》，乾隆十四年（1749）本。

粮，核定分水昼夜时刻。"[1] 地方政府在处理争水矛盾时，都强调了计粮均水的习惯法性质。"当一些习惯、惯例和通行做法在相当一部分地区已经确定，被人们所公认、被视为具有法律约束力，像建立在成文的立法规则之上一样时，它们就理所当然可称为习惯法。"[2] 照粮分水，可称为河西走廊东部地区的习惯法。

习惯法也得稍加变通。乾隆五十四年（1789）大路坝争控水时减少，先经武威、永昌县勘断，大路坝不服，乾隆五十六年（1791）控争，乾隆五十七年（1792）再经镇番、永昌县勘断，并饬喻各坝水老，公同酌议，从其他渠坝划出水时，断给大路坝、大二坝，"于按粮均水之中，量风沙轻重，水途远近，通融调剂，以杜争端"[3]。新的水资源分配方案，经"各坝士民各愿具结，并诸勒石，详经道宪批饬结案"，成为新的习惯法。

计亩均水 按照地亩平均分配水时。山丹、张掖、抚彝、高台，实行计亩均水。山丹县引山水、泉水为5大坝22渠；张掖县引黑水、弱水为47渠；东乐县

---

[1] 许协:《镇番县志》卷四《水利考·碑例》，道光五年（1825）本。

[2] 《牛津法律大辞典》，光明日报出版社，1989年。

[3] 许协:《镇番县志》卷四《水利考·水碑》，道光五年（1825）本。

引洪水河水为 6 大渠，引虎喇河水为 4 渠，引苏油河水为 2 渠，引大都麻油河水为 2 渠，引山丹河水为 9 坝；抚彝厅引黑河水为 23 渠，引响山河水为 10 渠：以上诸渠，《甘肃新通志》均记录每渠的灌溉顷亩，似是计亩均水 [1]。高台县的水源主要有黑河，其次有以祁连山冰雪融水为源的摆浪河、水关河、石灰关河等，总计县内大渠 36，而以各渠内支分小渠计则为 52。分水原则比较多样化，引摆浪河各渠是按日期分水，黑河 26 渠大概是计亩均水。黑河"在（高台）县境约长三百余里，南北两岸开渠二十六道，灌田不知若干顷，高台水利之最大全资黑河。……统计二十六渠皆引黑河之水以为利"，民国所纂《高台县志》记载了各渠灌溉的田亩数 [2]。黑河水源丰沛，推测高台县黑河 26 渠下各坝各庄是计亩均水。

河流上下游各县的分水，可以称为一次分水。一县各渠坝的分水，为二次分水。一渠坝内各使水利户之间的分水，为三次分水。计粮均水、计亩均水，是

---

[1] 升允、长庚修，安维峻总纂：《甘肃新通志》卷一〇《舆地志·水利》，宣统元年（1909）本。

[2] 《新纂高台县志》卷一《舆地·水利》，民国十四年（1925）本。

一县内各渠坝之间的分水，即二次分水的制度原则。二次分水原则，各县不一。大体来说，古浪、武威、镇番、永昌计粮均水，山丹、张掖、抚彝、高台计亩均水。即使在一县内，分水原则也并非整齐划一，如高台县，黑河26渠似是计亩均水，摆浪河引水各渠坝按日期均水，似是照粮均水；有些渠坝是按修渠人夫使水。一县各渠坝内部使水利户或花户之间的分水原则，即三次分水原则，各不相同，道光五年（1825）《镇番县志》说：镇番县大河各坝"浇法：或点香为度，或照粮分时，或计亩均水，各坝章程不一"，"浇有二法：曰分时，曰计亩。照粮摊水，时尽则止，有余不足，各因其水之消长，遇倒（盗）失，自任之，是谓分时。若计亩，按地摊浇，以有余补不足，遇倒（盗）失，众分任之"[1]。"点香为度"只是计算分水时间的技术方法。"各坝章程不一"，说明镇番各坝都有各自的分水原则，或照粮分，或计亩均水。不论二次分水，还是三次分水，都有照粮分时、计亩均水两种主要的制度原则。不论二次分水，还是三次分水，都有计粮分水，

---

[1]　许协：《镇番县志》卷四《水利考·灌略》，道光五年（1825）本。

计亩均水两种主要的制度原则。这种差异的产生，是因为各县或各渠坝水源丰枯不同。分水制度越详细，越说明在水源不足时，农户平均用水的意愿，特别强烈，这在镇番县尤其明显。

计粮均水、计亩均水，都是平均分配水资源的方法，但有所区别。计粮均水，是在水源不足条件下优先满足缴纳国家正额税粮农田灌溉的分配水资源的方法，多实行于河西走廊东部石羊河流域，即古浪、武威、镇番、永昌等县。道光《镇番县志》云："镇邑地介沙漠，全资水利。播种之多寡，恒视灌溉之广狭以为衡。而灌溉之广狭，必按粮数之轻重以分水，此吾邑所以论水不论地也。"[1] 即依据水源多少决定播种面积大小。而灌溉面积多少，必须根据缴纳税粮轻重，来分配水资源。这充分体现了人类生产活动受自然条件限制，而人类又必须依据自然条件来安排生产活动。这虽是对镇番县计粮均水的解释，但此论可推及实行计粮均水的其他各县。计亩均水，则是在水资源相对宽裕条件下，能较为充分满足纳粮农田的灌溉的平均分水方

---

[1] 许协：《镇番县志》卷四《水利考》按语，道光五年（1825）本。

案，多实行于河西走廊中部黑河流域，如山丹、张掖、抚彝、高台等县。

流域内分水制度的建立和完善，保证了均平水利，受水利一方人民深为感激："回忆均水未定时，正值用水，而上流遏闭，十岁九荒，居民凋敝，苦难笔罄。今则水有定规，万家资济，胥赖存活。"人民"期于均水长流，为吾民莫大之利"。[1] 一县内各渠坝的分水，在水源较为充足时，在水利通判水利老人制度和县府的行政干预下，一般能够保证一县之内纳粮各渠坝的正常灌溉。镇番县"共计一岁自清明次日起，至小雪次日止，除春秋水不在分牌例外，上下各坝流轮四周。……遇山水充足，可照牌数轮浇。"[2] 古浪县由于有分水制度："次第浇灌，或时加修浚，士民无不均田效力，水利老人实董成焉，现有奉宪碑文可据。……渠坝水利碑文：古浪处在山谷，土瘠风高，其平原之地，

---

[1] 《新纂高台县志》卷八《艺文志》，阎汶：《重修镇夷五堡龙王庙碑》，民国十四年（1925）本。

[2] 张珂美修，曾钧等纂：《五凉全志》卷二《镇番县志·地理志·水利图说》，乾隆十四年（1749）本。

赖水滋灌，各坝称利。"[1] 这说明在有些县，分水制度能得到正常执行。

但因为河西走廊水资源短缺等状况，分水制度有时无能为力，限制了已有耕地发挥更大的生产能力。清人感叹：镇番县"章程虽有一定，河水大小不等"，"不能照牌得水之地，所在多有"，"不足之日多，有余之时少，故蹉（蕞）尔一隅，草泽视粪田独广，沙碱较沃壤颇宽。皆以额粮正水且虑不敷，故不能多方灌溉，尽食地德"，"皆水利之未尽也"[2]。永昌县"倘冬雪不盛，夏水不渤，常苦涸竭，泉虽常流，而按牌分沟，一牌之水不能尽灌一牌之地，炎夏非时雨补救，未见沾足也"[3]。这都反映了人们对水资源不足与土地灌溉需要矛盾的忧虑。

---

[1] 张珩美修，曾钧等纂:《五凉全志》卷四《古浪县志·古浪水利图说》，乾隆十四年（1749）本。

[2] 张珩美修，曾钧等纂:《五凉全志》卷二《镇番县志·地理志·水利图说》，乾隆十四年（1749）本。

[3] 张珩美修，曾钧等纂:《五凉全志》卷三《永昌县志·地理志·水利图说》，乾隆十四年（1749）刻本。

四、附论：今日分水制度的创新和发展

20 世纪以来，由于人口、社会、经济的发展与环境变化，河西走廊的水资源危机严重。甘肃和内蒙古用水矛盾增加。河西走廊的人口和耕地，都比 50 年前增长了一倍以上，水危机严重。黑河、石羊河流域上、中、下游各省区县之间，用水矛盾增加。经济社会发展和生态环境、自然资源的矛盾日益突出。石羊河流域上游武威快速发展，用水量增加，使下游民勤县来水量减少，用水缺口靠超采地下水弥补，地下水水位下降到了 20 米深处。民勤人民改造沙丘、植树，以"向沙漠进军""人进沙退"闻名于世。由于水源不足，石羊河尾闾湖泊干涸了，成为新的沙尘暴源，沙进人退，裸露的盐碱土为沙尘暴提供了沙源，巴丹吉沙漠和腾格里沙漠大有会师之势，200 万亩林木面临毁灭，30 万民勤人离开家园，30 万亩撂荒耕地沙化。[1] 黑河流域中游的张掖市集中了全流域 91% 的人口、83% 的

---

[1] 马军：《我们还要与自然拼多久》，见《中国青年报》，2003 年 2 月 1 日。

用水量、95% 的耕地和 89 % 的国内生产总值。[1] 其地下水位从 120 米降至 150 米。[2]30 多座百万立方米以上的水库，基本拦截了黑河流量，下游水量减少，黑河尾闾的内蒙古额济纳天然绿洲面积萎缩了一半，从 6940 平方公里急剧萎缩为 3328 平方公里，西、东居延海分别于 1961 年和 1992 年完全干涸，周围的胡杨林大片干枯，内蒙古牧民变成了生态难民，新产生了一个 200 平方公里的新沙尘源地，直接影响西北乃至华北的生态安全。[3]

为了解决黑河流域中下游两省（区）的用水矛盾，2000 年，国家决定用三年时间，投资 23.6 亿元，完成黑河流域综合治理任务，并保证向下游内蒙古的额济纳旗定量分水，改善居延海地区的生态环境。2001 年 2 月，国务院将黑河治理列入西部大开发重点建设工程。[4] 为解决黑河中游用水矛盾，2002 年 3 月水利部确定张掖市为全国第一个节水型社会建设试点。

---

[1]　王方杰：《张掖看节水》，见《人民日报》2003 年 10 月 13 日。

[2]　马军：《我们还要与自然拼多久》，见《中国青年报》2003 年 2 月 1 日。

[3]　王方杰：《张掖看节水》，见《人民日报》2003 年 10 月 13 日。

[4]　王方杰：《张掖看节水》，见《人民日报》2003 年 10 月 13 日。

现阶段的分水制度，既继承了历史传统，又有所创新和发展，分水制度的创新，表现在两个方面。

第一，成立了黑河流域管理局，跨省区跨行业，实行流域内水资源统一管理，加强了国家对流域内水资源的宏观调控，改善了流域内的生态环境。2000 年 9 月顺利实现了黑河向内蒙古额济纳旗的第一次分水，灌溉草场 22 万余亩，生态环境有所改善。2001 年 12 月顺利实行了黑河的第二次调水。[1] 自国家实施黑河调水方案以来，张掖市累计向下游输水 22.5 亿立方米，连续三年完成黑河水量的调度任务。干涸了十年之久的居延海从 2002 年起，开始重现当年"碧波荡漾、波涛滚滚"的壮丽景观。[2]

第二，实行以水权为中心的用水管理制度改革，以市场机制引导企业和公民节水。国家每年分配给张掖市 6.3 亿立方米的用水总量，市里根据这个总量，将水权逐级分配到各县、乡、用水户和国民经济各部门，实行城乡一体，总量控制。在定额内用水执行基本水价，超过定额累进加价。同时，逐级成立用水协

[1] 新华网呼和浩特 2001 年 12 月 21 日电。

[2] 王方杰：《张掖看节水》，见《人民日报》2003 年 10 月 13 日。

会，鼓励水权流转，农业灌溉用水，全面实行水票制度，节约下来的水票，可以有偿转让，引导水资源向高效的产业流转。例如，临泽县（清代抚彝厅）梨园河灌区，将水库水量分配给各乡镇、村组，各村组的农民用水协会再分配到各农户，各农户拿钱买回相应的水权证。在配额内用水，只要拿水票买水就行了。超出配额，就得买高价水。农户主动节约用水和调整种植结构的意识增强。在 2001 年和 2002 年压缩水稻和高耗水作物 49 万亩，退耕还林还草 71 万亩，建成高效节水的制种基地、牧草基地、轻工业原料基地 215 万亩。2003 年张掖市将剩余的 1.6 万亩水稻全部压缩，从此告别种植水稻的历史。仅种植业一项，全市 2003 年比 2000 年少引黑河水 9800 万立方米，新增黑河向下游泄水 3900 万立方米。[1]

---

[1]　王方杰：《张掖看节水》，见《人民日报》2003 年 10 月 13 日。

附录一 《清代河西走廊的水资源分配制度》重点摘要

　　清代河西走廊黑河、石羊河流域的水利问题，学术界已有的研究成果在两方面比较突出，一是综述水利工程和灌溉面积，二是梳理"水案"文献。在已有研究成果基础上，还有两个方面的问题需要研究，一方面分析争水矛盾的类型，产生争水矛盾的自然因素与社会因素，另一方面，探究解决争水矛盾的政策措施即分水制度的内容与作用等问题，以期比较全面地、深刻地认识清代河西走廊的水资源利用、管理与分配问题，并对今天的"资源水利"制度创新提供有益的启示。

一、分水制度的建立

清代河西走廊的水利纷争是当地主要的社会矛盾之一，以黑河、石羊河等流域为例，水利纷争的主要类型有三种，一是河流上下游各县之间的争水，如：黑河流域下游高台县，与上游抚彝厅（今临泽县）、张掖县之间的争水；石羊河流域下游镇番县（今民勤县）与上游武威县之间的争水。二是一县内各渠、各坝（坝为子渠，下同）之间的争水，如镇番县各渠坝之间的争水。三是一坝内各使水利户之间的争水。第一、二类水利纷争程度最激烈，动用武力且互相控诉，地方各级政府的调控最多。乾隆《古浪县志》："河西讼案之大者，莫过于水利，一起争讼，连年不解，或截坝填河，或聚众毒打，如武威之乌牛、高头坝，其往事可鉴也。"地方各级政府的调控作用体现于各层次，但处理第一类水利纷争最多，其次是第二类水利纷争。府县断案即处理各种类型的争水纠纷，文案，一存府县档案，二存府县州官署中或龙王庙前的碑刻，三存新修、续修县志、府志、州志中，称为"水案""水碑记""水利碑文""断案碑文"等。碑刻存世的时间会久远一些，其作用在杜绝争竞，使当前的水利纷争有所缓和；地方志中所载分水文件详近略远，其作用在垂之久远，使后来的分水有所借鉴。

解决争水矛盾的方法，除了新开灌渠外，主要是建立各种不同层次的分水制度，有河流上下游各县之间的分水，可称为一次分水；有一县各渠坝之间的分水，可称为二次分水；有一渠坝各使水利户之间的分水，可称为三次分水。各县之间的分水，按照先下游、后上游的原则分配，由各县协商解决；如协调不成，则由上级协调，甚至调用兵力，强行分水。康熙五十八年（1719）地方政府在处理黑河流域的镇夷五堡争水案件中使用了武力。这种以兵力临境分水的情形较少见。有时要动用巨款交涉，如高台县三清渠渠口开在抚彝厅，"交涉极多，费款甚巨"。黑河流域，高台县之丰稔渠口在抚彝之小鲁渠界内，光绪时期发生纠纷，光绪三年（1877）抚彝厅和高台县处理，分水文件不仅在"厅、县两处备案"，而且还以纪事的形式刊刻于碑记。

一县内各渠坝的分水，由县府根据先下游后上游，和各渠坝地亩、承担的粮草等分配。县府把分水方案及管理制度等文件刻石，立于县署和龙王庙，称为"渠坝水利碑文"，以便于农户遵行和政府管理。例如，康熙四十一年（1702）镇番卫守备童振立大倒坝碑，雍正五年（1727）镇番县知县杜振宜立小倒坝碑，俱在县署。古浪县"渠坝水利碑文"规定，各渠坝都有各自的使水花户册一式二本，钤印一本，存县一本。管水乡老收执，稍有不均，据簿查对。各县设立水利通判的时间不一。镇番县，约于康熙四十一年（1702）设水利老人和水利通判。武威县，乾隆元年（1736）设立水利通判一员，管理柳林湖屯科地屯垦。古浪县，约于乾隆八年（1743），设置水利老人。

分水制度的建立，既有县级政府具体的分水方案，以及府县中水利官员的常设，还有分水的技术方法、分水的制度原则等。分水制度的维护和完善，则体现在水利老人、渠长的日常维护，发生水利纷争时地方各级政府的调控，以及上级官员的督促和规划等。各种与分水有关的文件的保存或刊刻于碑石，则特别重要，成为农户遵行和政府管理的主要文本依据。分水制度一经建立，就具有相对的稳定性，但随着环境、

气候、水利、农业、社会等多种因素的发展，原先的
分水制度会有所变化调整。

二、分水的技术方法

河西走廊分水制度的内容很复杂，既有分水的制
度原则，又有分水的技术方法。分水，要以时间确立
使水的日期或定额。传统计时方法是干支计时，把一
昼夜的时间分为十二时辰，以子丑寅卯等地支表示，
每个时辰分八刻。民间计时方法之一是点香为度，以
一炷或几炷香燃烧的时间长度来计时。由于水源珍
贵，分水不仅计算到时辰，而且计算到刻（文献中记
为"个"）、分。

分水的技术方法之一是确立水期、水额。水期，
是使水的期间。水额，是使水的定额，又叫额水。武威、
高台、永昌等县，通行水期。武威县的灌溉水按 6 渠、
60 坝（子渠）、20 276 庄（家）逐级分配。在农村，水
分到各庄后，还要按田畦分配。黄羊渠东边 6 坝水期
从 40 日至 20 日不等，西边 5 坝水期从 39 昼夜至 15
日不等。各坝分水后，再按庄分水。高台县引摆浪河

各渠都有水期。

水额，是使水的定额。古浪、镇番等县通行水额。各渠坝都有水额。镇番县引石羊河各渠坝，浇灌各有牌期。牌期，是县府规定的使水日期、水量，用红字刻于木牌上，立于渠坝之上，各渠、支渠即坝，农户遵照执行，不得违背。由于水利资源的变化，乾隆十四年（1749）、乾隆五十七年（1792），道光五年（1825）《县志》所载镇番县水的牌期不一。乾隆十四年（1749）《镇番县志·水例》载，春水、秋水四牌水 122 昼夜。乾隆五十七年（1792），镇番县把灌溉水分为春水、小红牌夏水、大红牌夏水、第四牌、秋水、冬水六牌，其中大红牌夏水又分为大红牌、夏水。春水"自清明次一日子时起，至立夏前四日卯时止，共水二十六昼夜"。小红牌夏水"自立夏前四日辰时起，至小满第八日卯时止，共水二十七昼夜"。大红牌、夏水二牌"自小满第八日辰时起，至立秋前四日丑时止，每牌三十五昼夜五时"，共 70 昼夜 10 时。第四牌"自立秋第四日寅时起，至白露前一日午时止，共水二十六昼夜五时"。秋水"自白露前一日未时起，至寒露九日丑时止，三十九昼夜三时"。冬水"自寒露后九日巳时起，至立冬后五日亥时止，二十六昼夜七时"；"立冬后六日子时起，至小雪日亥时止，六坝湖应分冬水十昼夜"。冬水共 36 昼夜 7 时。总计一年各牌期水 226 昼夜。

牌期已定，再分配各渠用水定额。镇番各渠用水都有定额。历史上和文献中，有两种表述水额的方法。一种是以牌期为纲，以各渠坝为目，把一牌之水分给各渠坝。例如，乾隆五十七年（1792）的新定水利章程中，第四牌水的分配方案如下："首四坝应分水三昼夜十时，润河水二昼夜四时四刻，籍田水二时，共水六昼夜四时四刻。次四坝应分水三昼夜三时，润河水十时，共水四（三）昼夜一（十一）时。小二坝应分水四昼夜十一时。更名坝应分水一昼夜六时，润河水一时六刻，共水一昼夜七时六刻。大二坝应分水四昼夜七时，润河水一昼夜八时，共水六昼夜三时。宋寺沟应分水五时六刻，润河水一时，共水六时六刻。河东新沟应分水二时。大路坝应分水一昼夜三时二刻，前加润河水九时四刻，今又拨小二坝润河水一时二刻，红沙梁拨出秋水三时，共水二（一）昼夜五（三）时（十刻）。"

另一是以各渠坝为纲，牌期为目，把各牌期水分配给各渠坝。例如，道光五年（1825），镇番县首四坝、次四坝、小二坝各坝的水额如下："（首）四坝额：小红牌五昼夜五刻，大红牌每牌八昼夜，秋水四昼夜四时四刻，冬水六昼夜一时。润河、籍田水时在内。次四坝额：小红牌四昼夜四时，大红牌每牌五昼夜六时五刻，秋水四昼夜一时，冬水三昼夜八时，润河在内。小二坝额：小红牌六昼夜七时，大红牌每牌七昼夜一时六刻，秋水四昼夜十一时，冬水五昼夜一时。"要之，牌期是根据河水、季节、农作物生长等情况对一年中各时期灌溉水的分配方案。镇番县、古浪县的水额（或额水），武威、高台的水期，都是以时间确定水量，都是关于分水的不同的技术方法。至于各渠坝为什么分到的水额、水期不一，则是由分水的制度原则决定的。

三、分水的制度原则

分水的制度原则有二。一是公平原则，依据所处的自然地理位置，即离渠口的远近，先下游后上游。公平原则，一般通行于各县之间、各渠坝之间、各子渠支渠之间、各使水利户之间，只有个别的例外。

二是效率原则，即按修渠出人夫多寡分水、计粮均水（照粮分时、照粮摊算）、计亩均水三种分水原则。效率原则，各县各渠坝，因水因地而异。

按修渠人夫使水。高台县纳凌渠上中下各子渠"按出夫多寡使水，定期十日一轮"。

计粮均水（照粮分时、照粮摊算），即按照缴纳税粮草数量分水。武威、古浪、镇番等县实行计粮均水。武威县"凡浇灌，昼夜多寡不同，或地土肥瘠，或粮草轻重，道里远近定制"。乾隆《五凉全志·古浪县志》：古浪"今更勒宪示碑文，按地载粮，按粮均水，依成规以立铁案"。这说明古浪县的分水还是"按地载粮，按粮均水"。

计亩均水，即按照地亩平均分配水时。山丹、张掖、抚彝、高台实行计亩均水。山丹县引山水泉水为 5 大坝 22 渠；张掖县引黑水弱水为 47 渠；东乐县引洪水河水为 6 大渠，引虎喇河水为 4 渠，引苏油河水为 2 渠，引大都麻油河水为 2 渠，引山丹河水为 9 坝；抚彝厅引黑河水为 23 渠，引响山河水为 10 渠。以上诸渠，《甘肃新通志》均记录每渠的灌溉顷亩，似是计亩均水。

计粮均水、计亩均水，是一县内各渠坝之间的分水，即二次分水的制度原则。二次分水原则，各县不一。大体说来，古浪、武威、镇番、永昌计粮均水，山丹、张掖、抚彝、高台计亩均水。即使在一县内，分水原则并非整齐划一。这种差异的产生，是因为各县或各渠坝水源丰枯不同。分水制度越详细，越说明在水源不足时，农户平均用水的意愿特别强烈，这在镇番县尤其明显。

计粮均水、计亩均水都是平均分配水资源的方法，但有所区别。计粮均水，是在水源不足条件下优先满足缴纳国家正额税粮农田灌溉的分水制度，多实行于河西走廊东部石羊河流域，即古浪、武威、镇番、永昌等县。计亩均水，则是在水资源相对较为宽裕条件下，能较为充分地满足纳粮农田的灌溉需求的平均分水方案，多实行于河西走廊中部黑河流域，如山丹、张掖、抚彝、高台等县。

流域内分水制度的建立和完善，保证了均平水利，受水利一方人民深为感激："回忆均水未定时，正值用水，而上流遏闭，十岁九荒，居民凋敝，苦难笔罄。今则水有定规，万家资济，胥赖存活。"人民"期于均水长流,为吾民莫大之利"。一县内各渠坝的分水,在水源较为充足时,在水利老人和县府的行政干预下,一般能够保证一县之内纳粮各渠坝的正常灌溉。但因为河西走廊水资源短缺等状况,分水制度有时无能为力,限制了已有耕地发挥更大的生产能力。

四、附论:今日分水制度的创新和发展

20世纪末,河西走廊的人口和耕地都比50年前增长了一倍以上,水资源危机严重。黑河、石羊河流域上中下游各省区县之间用水矛盾增加,经济社会发展和生态环境、自然资源的矛盾日益突出。为了解决黑河流域中下游两省(区)的用水矛盾,2000年,国家决定用三年时间,投资23.6亿元,开展黑河流域综合治理任务,并保证向下游内蒙古额济纳旗定量分水,改善居延海的生态环境。现阶段的分水制度,既继承了历史传统,又有创新和发展。这种创新表现在:

第一,水有系统完整的流域,与行政区划并非一致。2000年成立了黑河流域管理局,跨省区跨行业,统一管理流域内水资源,加强了国家对流域内水资源

的宏观调控作用，统筹了上游甘肃省张掖市的经济社会发展与下游内蒙古额济纳旗的生态环境保护，改善了流域内的生态环境。

第二，实行用水管理制度改革，以市场机制引导企业和公民节水。国家每年分配给张掖市6.3亿立方米的用水总量，市里据此将水权逐级分配到各县、乡、用水户和国民经济各部门，实行城乡一体，总量控制。在定额内用水执行基本水价，超过定额累进加价。引导水资源向高效产业流转。2001和2002年压缩水稻和高耗水作物49万亩，退耕还林还草71万亩，建成高效节水的制种基地、牧草基地、轻工业原料基地215万亩。2003年张掖市将剩余的1.6万亩水稻全部压缩，从此告别种植水稻的历史。仅种植业一项，全市2003年比2000年少引黑河水9800万立方米，新增黑河向下游泄水3900万立方米。

（《新华文摘》2004年第17期重点摘要）

附录二　清代河西走廊地方志水利文献

　　水利史学界著名专家姚汉源先生讲："历代对河道、对工程、对治理事迹、对规划议论、对人物等等都有大量的各样文献记载。"[1] 周魁一先生讲："明清两代水利史著作远多于前代，分类完备，有政府档案、官方文牍、水利专著，地方志书、资料汇编等。其中水利专著又分为治河防洪、运河和漕运、农田水利、流域水利治理（如太湖水利、畿辅水利等）、海塘工程、技术规范、水利工程的建设管理等。"[2] 这些提法，基本上都指出了水利文献所涵盖的内容

---

[1]　姚汉源：《中国水利史纲要》，水利电力出版社，1987年，第3页。

[2]　周魁一：《中国科学技术史·水利卷》，科学出版社，2002年，第25页。

和种类。

清代河西走廊（即凉州府、甘州府、肃州府、安西州）地方志有十几种。分别是：乾隆年间《凉州府志备考》、乾隆十五年《平番县志》、乾隆十五年《武威县志》、乾隆十五年《镇番县志》、乾隆十五年《古浪县志》、乾隆十五年《永昌县志》、乾隆五十年《永昌县志》、嘉庆二十一年《永昌县志》、道光五年《重修镇番县志》、顺治十四年《重刊甘镇志》、乾隆四十四年《甘州府志》、道光十五年《山丹县志》、乾隆年间《玉门县志》、乾隆二年《重修肃州新志》、道光十一年《敦煌县志》。包含水利文献的篇目，主要为水利篇，山川、人物、艺文篇目中，也有相关水利事项的记载。

清代甘肃河西走廊水利文献，特别是地方志中，有关水利活动的文字记载，内容包括对渠坝分布情况、农田灌溉概况、水利工程建设、水利纠纷始末、治水人物传记、水利制度等一系列的文字记载。由于编纂方志的资料种类繁多、来源途径各异，以及其他种种原因，方志水利文献存在内容分散、体例凌乱等诸多问题。本文试图总结河西走廊水利志在体例与内容上的成绩和存在的问题，总结经验，为今天修志提供一定的借鉴。

一、水利志

地方志，指记述行政区域自然、政治、经济、文化和社会的历史与现状的专门著述。分门别类，以类相从。记载水利的门类，在地方志中，一般叫作水利志、水利考、河渠志、河渠考等，名称上虽稍有差异，但内容基本一样，都是记录一段时期内，一个行政区域进行治水修渠、农田灌溉等一系列水资源开发、利用的情况。

河西走廊现存清代地方志 15 种，除乾隆年间《凉州府志备考》外，其余 14 种均明确题有"水利"，具体篇名列表如下。

表1 水利志名称统计表

地方志名称	水利志名称	备注
顺治十四年《重刊甘镇志》	水利	
乾隆二年《重修肃州新志》	水利	
乾隆十五年《古浪县志》	水利图并说	在志书目录中称《水利图并说》，在正文所标篇名称为《水利图说》。
乾隆十五年《武威县志》	水利图并说	
乾隆十五年《镇番县志》	水利图并说	
乾隆十五年《平番县志》	水利图并说	
乾隆十五年《永昌县志》	水利图并说	
乾隆四十四年《甘州府志》	水利	
乾隆五十年《永昌县志》	水利总说	
乾隆间抄本《玉门县志》	水利	
道光五年《重修镇番县志》	水利图考	
道光十一年《敦煌县志》	水利	
道光十五年《山丹县志》	水利	
嘉庆二十一年《永昌县志》	水利志	

篇名虽有差异，但均书"水利"二字。为了便于论述，笔者在文章中统一称作"水利志"。下面，笔者分别从体例和内容两个方面来论述。

（一）水利志的体例

地方志经过两千多年的发展演变，形成了自己独

特的体例。体例是指编纂地方志时，用来组织与分类
归纳材料的形式，架构、框架是地方志区别于其他著
作形式的主要标志。体例对于地方志的重要意义："体
例之于方志，如栋梁之于房屋，栋梁倒置，房屋安得
稳固？"[1] 地方志要全面系统地记录一方的各项情况，
没有一个合理完善的体例、规范，是不可能成书的。
可以说，方志的体例，是使一方各种事情系统、规范
化记载下来的关键。

　　方志体例主要涉及的要素，方志学者多有阐释[2]，
此处不做赘述。总结各家之说，主要集中在体裁选用
和结构布局两个方面。

　　1. 水利志的体裁形式

　　方志体裁是一方历史与现状的文字表述方式和组

---

[1]　李泰棻：《方志学》，商务印书馆，1935 年，第 31 页。

[2]　欧阳发、丁剑《新编方志十二讲》称："所谓方志的体例是由三个要
　　素构成的：一是体裁；二是结构；三是章法（即对撰写方志的一般
　　要求）。"史继忠《方志丛谈》称："体例是指志书的表达形式，包括
　　体裁、结构和门类设置三大部分。"王复兴《方志学基础》称："方志
　　体例，是志书表现自身内容特有的、不同于其他著述的体制形式，
　　主要包括体裁、格局结构和文字表现形式等。"王晓岩《方志体例古
　　今谈》称："方志体例，是贯穿修志宗旨，适应内容需要，并区别于
　　其他著作的独特的表现形式，它具体体现在志书的种类、体裁、结
　　构、编纂等各个方面。"笔者遵从欧阳发、丁剑之说。

织形式。方志"体裁很多，如图、序、跋、纪、记、志、谱、表、考、书、簿、传等皆是"[1]。修志者根据实际需要，或选一两种，或选五六种，数种体裁同时运用，使得方志内容的组织形式，趋向合理、实用、多样。

清代河西走廊方志中的水利志，主要有小序、图、志和考四种体裁形式。

（1）小序。著作一般都有序，用来叙著述之原委、主旨、体例等。西汉孔安国有云："序言，所以叙作者之意也。"[2]清代章学诚云："书之有序，所以明书之旨也，非以为美观也。"[3]序，指一部书前面总括全书内容的文字，为示区别，称其为总序。方志中，各篇都有序，称为小序，其作用是说明此门类的原委、主旨等。

清代河西走廊方志中的水利志，设置小序的有7种：乾隆十五年《永昌县志》、乾隆五十年《永昌县志》、嘉庆二十一年《永昌县志》、乾隆十五年《平番县志》、乾隆四十四年《甘州府志》、乾隆十五年《镇番县志》、

---

[1] 黄苇等：《方志学》，复旦大学出版社，1993年，第302页。

[2] 〔唐〕刘知几撰，黄寿成校点：《史通》卷四《序例第十》，辽宁教育出版社，1997年，第24页。

[3] 〔清〕章学诚著，叶瑛校注：《文史通义校注》卷四《匡缪》，中华书局，1985年，第404页。

道光十五年《山丹县志》。其中的小序，多是概括本类目的主要内容。以嘉庆二十一年《永昌县志》为例，其水利志小序曰：

> 永境水畊，非溉不殖，而靳于水，故田多芜。夫田之需水，犹人之于饮勿渴焉已，而永之田宜频水，故愈患不足，则常不均，势固然也。治之以勤其疏导，时其挹注，去其兼并，虽渠非郑、白，亦可决之为雨，而致屡丰，乃若碾运砲，旋借纾民力，特利之小者耳。[1]

这篇小序用96字，对永昌缺水灌溉的现状、原因，水对于农田的重要性，以及如何治理，做了高度概括。读小序，就可了解永昌的水利大概。序的优劣不在字数多少、记载是否细致，而是高度的概括性，用精练的语言，构建一个总体框架。而正文，正是在这个框架下添砖加瓦，详细叙述这一门类的情况。

（2）图。图，作为方志的重要体裁形式，与方志

---

[1] 〔清〕南济汉纂：《永昌县志》卷三《水利志》，嘉庆二十一年（1816）本。

的结合甚早。过去有学者认为，方志就是起源于图记，如元代卢镇就曾说："古者郡国有图，风土有记，所以备一方之纪载。今之志书，即古之图记也。"[1] 可见，图在方志的发展演变过程中，的确意义重大。志书，来源于图记。隋唐图经的盛行，就是证明。王重民说："最早的图经是以图为主，用图表示该地方的土地、物产，经是对图作简要的文字说明。"[2] 由于图不易保存，多有佚失，而经、传部分却流传下来，并逐渐取而代之，图经，亦随即定型为正式方志，但方志有图的传统，一直保留下来。

图在方志中的作用十分重要。"古之学者，左图右书，况郡国舆地之书，非图何以审定？"[3] 章学诚强调："史不立图，而形状名象，必不旁求于文字。……至于图象之学，又非口耳之所能传授者，贵其目击而

---

[1] 〔元〕戴良：《重修秦川志序》，见《历代名人论方志》，辽宁大学出版社，1986年，第5—6页。

[2] 王重民：《中国的地方志》，见《光明日报》1962年3月14日。转引自仓修良：《方志学通论》，齐鲁书社1990年，第210页。

[3] 〔元〕张铉撰，田崇校点：《至正金陵新志·修志本末》，南京出版社，1991年。

道存也。"[1] 方志中图的种类繁多，如山川图、府州县域图、政区沿革图、边防海防图、建筑布局图、名胜古迹图等。清代河西走廊的方志中，多有水利之图、河渠之图。有些方志中，直接就将水利一门，冠以《水利图说》名称，例如乾隆十五年《古浪县志》《镇番县志》等。

纂修者往往将水利图，安排在整部志的前面，与疆域图、建置图、山川图等合在一起，与后面的文字记载分开。或是将水利图，安排在水利志的前面，随后紧接着记载水利的文字。在十几部方志中，图运用得比较好的，应是道光十五年《山丹县志》，其水利志颇有图经的味道。其水利志共有五图，曰《草湖渠全图》《暖泉渠水利全图》《慕化渠图》《童子渠图》《卫厅木沟渠图》，每图之后紧随对此渠的文字记载，宛如图经中"经"的部分，图与文字配合相得益彰。

图的运用，既是方志纂修一个优良的传统，又说明了纂修者深刻认识到图的重要作用。它能在空间上

---

[1] 〔清〕章学诚著，叶瑛校注:《文史通义校注》卷七《永清县志舆地图序例》，中华书局，1985 年，第 731—732 页。

为读者提供一个比较清晰的方位概念，使读者在阅读文字时，有所比照和参考，不致过分吃力。而且，对于从事水利建设的工作人员来说，图显得尤为重要。但是由于古代绘图技术落后，方志中的图，很少能传达精确的信息，对于水利建设、改造的实际参考作用，并不是特别大。在很大程度上，图仅仅起着辅助文字描述的作用。

（3）志与考。志作为一种体裁形式，是班固在司马迁《史记》"八书"的基础上创设的，为正史主要体裁之一。章学诚说："志者，志也，欲其经久而可记也。"[1]方志，借鉴这种体裁，进而成为方志的主体，可记一方经济、文教、社会风俗、特殊自然现象、人物、文献等方方面面，往往冠名为某某志，如建置志、山川志、人物志、艺文志等等，多为叙述性文字。清代河西走廊地方志的水利志中，志是主要的体裁形式。

考，原意为探求、辨析，用于考辨文词典章。王兆芳《文体通释》云："考者，……主于破疑征信，搜

---

[1]〔清〕章学诚著，叶瑛校注：《文史通义校注》卷六《方志立三书议》，中华书局，1985年，第574页。

佚备存。"，[1] 考，作为方志的体裁，是仿书志而作的，有广义、狭义之分。广义上讲，考，统括各种人、事、物；狭义上讲，考，以专载典章制度为主。与志一样，在方志中，冠名为某某考，如建置考、赋役考、选举考等。考，要考订精核，资料翔实，论断严谨，要做到"条理可观，切实可用"，切忌"猥琐繁碎"，[2] 通过论证、考辨得出准确的结论。

志、考，二者的区别，体现在文字的运用上，即志是叙述说明性的，考是考证探究性的，还要利用各种文献，进行考证。或证伪，或证实。清代河西走廊地方志的水利篇中，有志、考两种形式。志多用于记述水利概况，考多用于记述水利制度。

例如，顺治十四年《甘镇志·地理志·水利志》记河渠：

　　甘州左卫阳化西渠，城南七十里，分坝有三，灌田四十三顷一十四亩；阳化东渠，城南六十

---

[1] 转引自黄苇等《方志学》，复旦大学出版社，1993年，第342页。

[2]〔清〕章学诚著，叶瑛校注：《文史通义校注》卷八《答甄秀才论修志第二书》，中华书局，1985年，第826页。

里，坝有三，灌田三十顷六十六亩；宣政渠，城
南一百里，分坝有四，灌田二百二十八顷一十六
亩；大募化西渠，城南八十里，分坝有三，灌田
六十顷一十六亩；大募化东渠，城南一百二十
里，分坝有三，灌田八十三顷一十四亩；小募
化上坝，城南一百里，支分三渠，灌田二十二
顷十七亩。

再看道光五年《镇番县志·水利考·牌期》记牌期：

水自清明次日归川，名曰春水，亦名出河水，
除红柳、小新、腰井、湖中六坝、河东坝。案：
春水十昼夜四时外所余之水，扣至立夏前四日，
坝俱照粮均分。自立夏前四日，迄立秋第四日为
大红牌、夏水两牌，节次轮灌。自立秋第四日，
迄白露前一日为秋水，四渠坝轮灌。后水归移丘。
案：首红沙梁，浇至寒露后九日止，仍归四渠，
按粮轮浇，是为冬水。浇至立冬后六日。六坝接浇，
至小雪次日，水归柳林湖。惊蛰以前为冬水，惊
蛰以后为春水，冬水不足而以春水补之，轮浇春

水，亦有一而再、再而三者，盖结冰于河，冰消
则水大。春分之前三后四，尤浩瀚异常，调剂轮流，
务希均沾实惠。虽润沟旷时，亦所弗计。或以上
游有余之水，彼次通融，与川略同。而一地一水，
不起牌，则柳林湖所独也。

前段引文是志体，在清代河西走廊地方志的水利志
中，多用于记述水资源概况、水利渠坝的概况、灌溉
亩数等。后段引文是考体，多记述灌略、牌期、水额
等水利制度。在清代河西走廊地方志的水利志中，志
与考，多交叉运用。

但是，从上面两段引文来看，在文字叙述上，志
与考的界限已经模糊。考，并没有体现多少详尽的考
证，更多趋向于叙述性。这种志、考体裁界限模糊的
状况，可能因修志时比较匆忙。地方官员、士绅，见
本地志书散佚日久，急于成书，往往两三个月、一年
半载，便将志书修成付梓，很难对一些问题做详细、
精到考证，虽名为考，但很多还是记录现状。水利考
亦是如此，忽略了对河渠水道演变的考证，这样很难
体现出考的优势。

2. 体裁优点与缺憾

水利志体裁上的优点，是小序、图、志和考等多种体裁形式的综合运用。小序既能统领专志，提纲挈领，又能使水利志的结构，趋于完整。图能辅佐文字记述，比较形象、直观地传达信息。志与考的运用，既能清楚地记述水利现状，又能记述水利活动大致的沿革和详尽的水利制度。因此，多种体裁形式的综合运用，既丰富志书体例，也使水利的记载更加合理，最大限度地保存水利文献。然而，统观这十几种方志，无一方志运用表，成为体裁运用上的最大缺憾。

表，作为著述体裁，源自司马迁《史记》"十表"，后代史家皆袭其成式。章学诚说："表之为体，纵横经纬，所以爽豁眉目，省约篇章，义至善也。"[1] 表首先具有经纬结合、纲举目张的作用，使内容条理明晰，把纷繁复杂的各项情况，排列、贯穿，使人一目了然。其次方志用表，可以在不影响记载的情况下，起到删繁就简、节省文字的作用，做到"揽万里于尺寸之内，

---

[1] 〔清〕章学诚著，叶瑛校注：《文史通义校注》卷八《报广济黄大尹论修志书》，中华书局，1985年，第874页。

罗百世于方册之间"。[1]

清代河西走廊地方志的水利志中，有很多涉及灌溉亩数、河渠变迁的记载。这些内容全是叙述性的文字描述。虽然这同样能记载史实，但是从方志体裁运用的角度看，就显得过于呆板单一，缺少变化，阅读起来甚是枯燥、吃力。如果将这些文字性的记载，改用表格的形式，既丰富方志体裁，又能让读者一目了然，比较容易地了解水利的基本情况，省去在字里行间摸索爬行的时间和力气。以道光十五年《山丹县志》水利志中的灌溉记载为例：

> 五坝水利灌溉亩数：
>
> 南草湖渠，城南分坝一十有三，灌田四百顷有奇；
>
> 西草湖渠，城西，灌田四十顷有奇；
>
> 暖泉渠，城南，分五闸，灌田一百七十顷有奇；
>
> 东中坝渠，城南，灌田三十顷有奇；
>
> 西山坝，城南，灌田五十六顷有奇；
>
> 塌崖泉渠，城南，灌田八顷有奇；

---

[1] 〔清〕朱彝尊:《历代年表序》，见《中国方志百家言论集萃》，四川省社会科学院出版社，1988 年，第 116 页。

新开独泉渠，城南，灌田七顷；

义得渠，城南，灌田三十八顷有奇；

无虞山口渠，城南，灌田一十九顷有奇；

红崖子渠，城南，灌田二十顷有奇；

乃独泉渠，灌田一十顷有奇；

童子寺寺沟渠，城南，灌田三十七顷有奇；

童子寺东渠，城南，灌田三十四顷有奇；

童子寺西渠，城南，灌田九十四顷有奇；

大黄山坝渠，城东南，灌田九十顷有奇；

独泉渠，城东南，灌田二十七顷有奇；

卫厅水沟渠，城东南，灌田五十六顷有奇；(初设卫于此，采木因名)

白石崖渠，城东南，灌田三十八顷有奇，源出大通河，分派而来，明正德七年后，寇犯，荒芜，嘉靖二十八年巡抚杨博，檄砌山隘，增墩台，疏旧渠，田畴复。

又大募化东渠，城西南，灌田八十二顷有奇；

大募化西渠，城西，灌田六十顷有奇；

小募化上坝，城西南，灌田二十顷有奇；

小募化下渠，城西南，灌田二十七顷有奇。

以上四渠前明巡抚杨溥、副使石永重修，芜田尽……。[1]

如果将这些内容改为表格：

表2　五坝水利灌溉亩数表

渠名	位置	灌田亩数	备注
南草湖渠	城南	四百顷有奇	分坝十三
西草湖渠	城西	四十顷有奇	
暖泉渠	城南	一百七十顷有奇	分五闸
东中坝渠	城南	三十顷有奇	
西山坝	城南	五十六顷有奇	
塌崖泉渠	城南	八顷有奇	
新开独泉渠	城南	七顷	
义得渠	城南	三十八顷有奇	
无虞山口渠	城南	一十九顷有奇	
红崖子渠	城南	二十顷有奇	
乃独泉渠		一十顷有奇	
童子寺寺沟渠	城南	三十七顷有奇	
童子寺东渠	城南	三十四顷有奇	
童子寺西渠	城南	九十四顷有奇	
大黄山坝渠	城东南	九十顷有奇	

---

[1] 〔清〕党行义纂，黄璟续纂:《山丹县志》卷五《水利》，道光十五年（1835）本。

渠名	位置	灌田亩数	备注
独泉渠	城东南	二十七顷有奇	
白石崖渠	城东南	三十八顷有奇	源出大通河，分泒而来。明正德七年后，寇犯荒芜。嘉靖二十八年巡抚杨博檄砌山隘，增墩台疏旧渠，田畴复
大募化东渠	城西南	八十二顷有奇	前明巡抚杨溥、副使石永重修，芜田尽义
大募化西渠	城西	六十顷有奇	
小募化上坝	城西南	二十顷有奇	
小募化下渠	城西南	二十七顷有奇	
卫厅水沟渠	城东南	五十六顷有奇	初设卫于此，采木因名

对比来看，改为表格后，就显得简洁明快，赏心悦目，所有内容，尽收表中，一览无余，又能够在寻找信息时，信手拈来，省时省力。

渠道的变迁、修浚等，同样可以用表来体现，即表现。这方面，光绪年间，吴汝纶《深州风土记》做得很好。例如，其中《明以来滹沱河出入州境表》[1]中，世宗雍正元年至十三年间，呼沱河的情况，截取部分如下。

---

[1] 〔清〕吴汝纶纂：《神州风土记·河渠》，光绪二十六年（1846）文瑞书院本。

表3 明以来滹沱河出入州境表（节录）

八年	五年	四年	三年	二年	世宗雍正元年	年号
自木邱徙贾百户人衡水。穆甸入州	自束鹿木邱徙倾井入州	饶阳武强井水	决晋州周头，分溢衡水二支：一自束鹿北理顷井，入州界马兰井；一自束鹿城南入州界甜水井，溢武强	饶阳大水		入州
					由束鹿温朗口至宁晋入泊	出州
怡贤亲王薨		怡贤亲王开引河，自束鹿木邱迳深州，至衡水焦冈入滏				治河

此表纬以纪年，经载滹沱河入州、出州、治理等内容，清晰明朗，很直观地传达出滹沱河历年流经深州情况，避免大篇幅冗繁的文字叙述，体现了"一表抵万言"的优势。清代河西走廊水利志，体裁上的最大缺憾就是没有运用表。

3. 水利志的类目结构

历史上，地方志的类目结构，多种多样，有平目体[1]、纲目体[2]、纪传体[3]、编年体[4]、三宝体[5]、政书体[6]、两部体[7]、三书体[8]和章节体[9]等等。清代河西走廊地方志的类目结构，以纲目体为主，兼有平目体。

---

[1] 平目体：分志书内容为若干类，平行排列，各类目相互独立，无所统属。如东晋常璩《华阳国志》、宋范成大《吴郡志》。

[2] 纲目体：先设总纲，各纲之下又酌分细目，以纲统目，目以纲据，纲举目张。如宋朱熹《通鉴纲目》，齐硕、陈耆卿《赤城志》。

[3] 纪传体：体法正史，采用纪、表、志、传，及书、考、录、略、谱等体裁为统类，再立纲分目编排的志书形式。如宋周应和、马光祖《景定建康志》。

[4] 编年体：仿《春秋》《竹书纪年》《资治通鉴》等编年体史书而作，全志部分门类，而以时间为线索，纵向记述一地各种情况。如明王启《赤城会通记》。

[5] 三宝体：根据《孟子·尽心下》所谓"诸侯之宝三：土地、人民、政事"之语而来，这种体例的志书一般只分土地、人民、政事三类或加文献而成四类。如明唐枢、张应雷《湖州府志》。

[6] 政书体：本为史书体例之一，主要记载典章制度，以吏、户、礼、兵、刑、工为纲，分述地方政事典章。如明周瑛、黄仲昭《兴化府志》。

[7] 两部体：全志只分为两大部类，部类下再设各志的体式。如明陈棐《广平府志》以经纬分体，经集包括封域志、郡邑志、山川志、建置志、学校志、版籍志、坛宇志、古迹志，纬集有官秩志、选举制、宦业志、贤行志、列淑志、恩泽志、经历志、风俗志。

[8] 三书体：章学诚首创，将全志分为志、掌故、文征三部分：志为著述，采用纪传体；掌故和文征是资料汇编，分别汇簿书案牍和个体诗文。另外，异文杂说编为"丛谈"。典型代表是章学诚《湖北府志》。

[9] 章节体：按章节编排内容的结构形式，是19世纪末西方教科书传入中国后，方志所采用的一种体式。如清洪仲《昌图府志》。

表 4 地方志类目结构统计表

类目结构	纲目体	平目体
志书名称	甘州府志	玉门县志
	平番县志	凉州府志备考
	永昌县志（3 种）	
	镇番县志（2 种）	
	山丹县志	
	重刊甘镇志	
	敦煌县志	
	古浪县志	
	武威县志	
	重修肃州新志	
小计	13 种	2 种

可从水利志的层次，水利志自身的细目划分，来讨论这些类目结构。层次即纲，类目曰目，"志乘有纲有目，《书》所谓'若网在纲，有条不紊'。有目而无纲则散，目不与纲缀属则紊。今故以纲统目，以目附纲。"[1] 可见，层次排列、类目设置，直接关系到方志体例是否完善。

（1）水利志的层次。这主要是指水利志，在方志总体的类目设置中，处于什么层次。这种分析主要是针对纲目体志书而言。因为平目体各个类目，相互独立，无所统属，其下不再划分细目，也就无所谓层次

---

[1] 〔清〕程肇半：《上饶县志·凡例》，乾隆四十九年（1784）本。

之说。这种类目结构，往往适用于记载内容较少，无须进行详细类目划分的志书。纲目体则不然，由于所要记载的内容较多，都会先设总纲，各纲下又酌分细目，甚至细目下，再行细分，以纲统目，纲举目张，各个类目之间的所属关系，一目了然。这种情况下，以水利为纲者，视为第一层次，也是最高层次；若水利置于其他纲下作为细目，则为第二层次。依此类推，志书再分细目，往下就是第三、第四层次。

表 5 水利志隶属关系统计表

层次	第一层次	第二层次	备注
志书名称	山丹县志		
	玉门县志		
	（嘉庆）永昌县志		
	（道光）镇番县志		
	重修肃州新志		
		重刊甘镇志	属地理志
		凉州府志备考	同上
		敦煌县志	同上
		平番县志	同上
		武威县志	同上
		古浪县志	同上
		（乾隆）镇番县志	同上
		（乾隆）永昌县志（两种）	同上
		甘州府志	属食货志
小计	5 种	10 种	

由表中可以清楚地看出，较多的水利志，被设置于第二层次，除乾隆四十四年《甘州府志》外，其他几种志书，均将水利志，隶属于"地理志"下。这其中有内在的原因。水利活动的开展，在很大程度上，要依赖地方水资源的地理分布。但是，将水利志设置为第一层次，作为独立的一个门类，或者是像《甘州府志》那样设置于"食货志"下，都比设置于"地理志"下合理。设置于"地理志"下，削弱了水利活动的重要性。作为独立的类目，能体现水利活动作为一项经济活动的重要性。设置于"食货志"下，也能体现出水利活动与国计民生的重要关系。道光五年《镇番县志》就将水利志置于第一层次，作为独立的类目。《凡例》说："旧志，水利统归地理，但地理有定，水则变迁无常。况镇邑十地九沙，非灌不殖，尤为民命所关。"[1]水利对于农业和农民地位多么重要。这样设置，就是要突出水利对于民生的重要性。

---

[1] 〔清〕许协修：《道光县志·凡例》，道光五年（1825）本。

（2）水利志的类目设置。方志讲究按照性质将人、事、物各方面的资料，分成若干类，以类系事，事以类聚，冠以名称，读者从类目名称上，就可以直接了解这一类目的内容。瞿宣颖有云："夫志之佳恶，不待烦言，但阅其门目，便知其有无鉴裁之力。"[1] 可见，类目设置的恰当与否，决定其能否为读者准确传达有价值的信息。

水利活动是一项复杂的事业，涉及河道和经济等多方面的工作，这就要求修志者将相同的工作归为一类，冠以名称，各小类相互独立、横排门类，统属于水利志下。如此一来，翻阅志书，根据类目，就可将各种信息尽收眼底。清代河西走廊地方志水利志的类目情况如下表：

---

[1] 瞿宣颖:《志例丛话》，见《中国方志百家言论集粹》，四川省社会科学院出版社，1988 年，第 96 页。

表 6　水利志类目情况统计表

水利志名称	下属类目名称	备注
顺治十四年《重刊甘镇志·地理志·水利志》	无类目	纲目体志书结构，水利志在志书中多处于第二层次。第三层次的类目，在志书目录与正文中，均没有得以体现
乾隆二年《重修肃州新志·水利》	无类目	
乾隆十五年《古鼓浪县志·地理志·水利图并说》	无类目	
乾隆十五年《武威县志·地理志·水利图并说》	无类目	
乾隆十五年《平番县志·地理志·水利图并说》	无类目	
乾隆五十年《永昌县志·地理志·水利总说》	无类目	
道光十一年《敦煌县志·地理志·水利》	无类目	
道光十五年《山丹县志·水利》	无类目	
乾隆间抄本《玉门县志·水利》	无类目	平目体志书结构
乾隆《凉州府志备考》	无《水利志》	
道光五年《重修镇番县志·水利图考》	河源、水道、渠口、牌期、水额、河防、董事、水案、碑例、蔡旗堡水利附	纲目体志书结构，水利志在全志中处于第一层次，下属第二层次的类目在志书目录中体现
嘉庆二十一年《永昌县志·水利志》	山水、泉水、释名、工作、灌略、董事	
乾隆十五年《镇番县志·地理志·水利图并说》	（河源、水例、水案）	"（　）"括号表示：类目于志书目录中没有体现，在正文中体现
乾隆十五年《永昌县志·地理志·水利图并说》	（渠坝、井泉）	
乾隆四十四年《甘州府志·水利》	（张掖县、东乐县丞、山丹县、抚彝厅）	

　　清代河西走廊地方志中水利志的类目，情况大致有三种。

　　第一种，无类目。原因有二，其一，平目体志书，各类目相互独立，无所统属，其下又不再划分细目，如乾隆间抄本《玉门县志·水利》、乾隆《凉州府志备考》。其二，水利志本身处第二层次，与其他类目，并列隶属于第一层次的纲，如若再细分类目，整体志书结构略显凌乱、支离破碎。如乾隆十五年《平番县志》，其《地理志》下有星野、沿革、疆域图并说、里至、山川、村社、户口、保甲、田亩、赋则、物产、"水利图并说，渠坝井泉桥梁附"、古迹、祥异十四个类目，如"水利图并说，渠坝井泉桥梁附"下再细分类目，目录就显得很烦琐。

　　第二种，志书目录，不体现水利志细目，但在正文中体现出来。例如乾隆十五年《镇番县志》、乾隆十五年《平番县志》，有《水利图说》与许多其他类目，它们都并列隶属于《地理志》。但是，在正文中分河源、水例、水案三类来记载水利情况。既避免志书目录的烦琐，又使正文结构显得较有条理。

　　这两种情况，仅通过志书目录，水利志传达不出什么信息。虽然第二种情况比第一种情况略微要好，但也要视具体情况而定。如信息有限，就没有必要再细分类目，过分细分会让整体结构支离破碎，削弱了志书的整体性。

第三种情况，是于志书目录中直接体现水利志下属的类目划分。通过表格可以看出，这种情况出现在水利志书类目结构中，处于第一层次。这种情况下，水利志再分类目，可以弥补前两种情况的缺陷。如嘉庆二十一年《永昌县志》，其水利志下设置有山水、泉水、释名、工作、灌略、董事六个类目。山水者，发源自山潭之水；泉水者，源自地下自来之水。这是按照灌溉用水的来源所划分的两个类目。释名者，解释渠道各个部分的名称和渠牌、灌期的名称；工作者，介绍筑渠、疏浚两大工程；灌略者，介绍灌溉的方法和原则；董事者，介绍治水的官员与其工作内容。

这是比较详细的划分与设置，还有更详细的。道光十五年《山丹县志》，其水利志下设置有河源、水道、渠口、灌略、期派、水额、河防、董事、水案九个类目。通过类目的设置，我们就可以看出地方的水利事业是否发展、水利制度是否健全等。

（二）水利志的内容

一直以来，人们赞赏地方志，主要立足于地方志所记载的丰富多彩的内容，即它的文献价值。梁启超就曾说："其间可宝之资料乃无尽藏。"[1]

"甚哉，水之为利害也！"[2] 早在汉代，司马迁就认识到水利对于国计民生的重要意义，《史记》设《河渠》。此后史家均有承袭，于史书中设《河渠志》或《沟洫志》[3]，记载国家重大的水利活动。方志借鉴正史体例，也设有水利志或河渠志，记载一个地方的水利活动。相较于正史，方志的记载更为细致，有很多正史中不载的内容，方志都记载。方志有很强的地方性。

总结清代河西走廊方志中水利志的记载，以农田灌溉为主，内容大体可以归纳为水利概况、水利管理制度、水利认识和水利纷争四个方面。

---

[1] 梁启超：《清代学者整理旧学之总成绩三》，见《中国近三百年学术史》，河北人民出版社，2004年，第318页。

[2] 周魁一等注释：《二十五史河渠志注释》，中国书店，1990年，第12页。

[3] 二十五史中设有《沟洫志》或《河渠志》的有：《史记·河渠书》《汉书·沟洫志》《宋史·河渠志》《金史·河渠志》《元史·河渠志》《明史·河渠志》与《清史稿·河渠志》。

1. 水利概况

水利概况是清代河西走廊地方志水利志中的主体内容，记载篇幅最多，归纳起来，可以分为水利资源概况、渠坝概况和农田灌溉概况。

（1）水利资源概况。开展水利建设，要以当地的自然水利资源为基础，做到因地制宜。了解一地的水利资源，查阅地方志就是一个便利的途径。清代河西走廊地方志的水利志，大多开篇都会介绍本地的水利资源。例如道光十五年《山丹县志》卷五《水利》载："丹邑近西疆，半皆沙漠，多瘠土而少沃壤，资灌溉之力居多，其水分为三：曰山水、曰渠水、曰泉水。"又如乾隆四十四年《甘州府志》卷六《水利》载："甘州水有三：一河水，即黑水、弱水、洪水等渠是也；一泉水，即童子寺、暖泉、东泉等渠是也；一山谷水，即阳化、虎刺孩等渠是也。冬多雪，夏多暑，雪融水泛，山水出，河水涨，泉脉亦饶，是以水至为良田，水涸为弃壤矣。"再如乾隆五十年《永昌县志》卷一《地理志·水利总说》载："永邑地尽水耕，其资山水者什之六，资泉水者什之四。"除了在开篇介绍本地的水利资源，也有的方志还分类详细描述本地的水利资源，如嘉庆二十一年《永昌县志》的《水利志》，其下设山水、泉水类目，比较详细地介绍了永昌的两大类水利资源。

地方志作为地方文献，具有明显的地方特色，包括自然特色和社会人文特色。水利志就具有浓厚的自然特色。水利建设要以自然水利资源为基础，这些记载，就十分明显地体现出河西走廊地区的自然状况。乾隆十五年《永昌县志·地理志·水利图说》云："水利之兴，务详其源。源出于泉或出于山。永邑山水之大，莫如邑东之涧转口，邑西之大河口。涧转之源，发自雪山。"这条记载，基本上概括了永昌县的用水来源。河西走廊的水资源主要源于祁连山脉，由祁连山流入河西走廊的河流有大小57条，这就为当地开渠灌溉创造了先天条件，所以第一大用水来源，就是河水。另外，河西走廊地区高山耸立，常年冰雪覆盖，冰雪融化流下的水，即雪水，是第二大用水来源。还有河水、雨水、山水等渗入地下，地壳运动喷涌而出形成泉水，也是河西走廊的一大用水来源。除此之外，劳动人民还发挥自己的聪明才智，钻地成井，或改泉为井，井水也成了一大资源，顺治十四年《甘镇志·水利》、乾隆十五年《平番县志·水利图说》下都设有"井泉"细目，专记当地利用井水的情况。

（2）渠坝概况。渠坝建设，是一个地方水利开发与建设中比较重大的活动。在清代河西走廊地方志的水利志中，有很多关于渠坝的记载，是今天进行水利开发、建设和水利史研究的重要文献。

这些渠坝概况主要以两种方式记载。一是在水利志下，设渠坝细目，集中介绍渠坝的概况，这种记载多用于渠坝建设较少的地区，记载比较简略。例如道光五年《镇番县志》于《水利考》下设有水道、渠口两细目，分别介绍各个渠坝的流经与分水口。乾隆十五年《永昌县志》于《水利图说》下设渠坝细目，简单介绍各个渠坝的位置。另一种记载方式，也是采用较多的一种，就是整篇水利志就是专门记载渠坝的，以辖境内几个主要的渠坝为纲，详细描述水渠长短、渠口尺寸、灌溉面积等。例如乾隆十五年《古浪县志》之《水利图说》，开篇曰："古浪有三渠，曰古浪渠、土门渠、大靖渠。"其下整篇就以这三大渠为纲，详细记载了各渠的源流、流经、分坝、灌溉、修浚等情况。

并非所有地方志，都像《古浪县志》这般面面俱到。大多数地方志，详略各异、各有侧重，大体如下。

记载渠坝的相对位置，例如乾隆十五年《永昌县志·地理志·水利图说·渠坝》：

> 金龙坝，县东二十里；新旧二坝，县东二十五里；三坝，县东三十五里；五坝，县东南四十里；六坝，县东四十五里；七坝，县东五十里；八坝，县东五十九里；九坝，县东六十里。

记载渠坝的灌溉亩数，例如乾隆四十四年《甘州府志》卷六《水利·张掖县》：

> 阳化东渠，城南，灌田二十五顷六十亩有奇；阳化西渠，城南，灌田三十三顷一十亩有奇；宣政西渠，城南，灌田三十五顷一十亩有奇；安民沟渠城南，灌田一十四顷三十亩有奇。

记载渠坝的分坝情况，例如顺治十四年《甘镇志·地理志·水利》：

> 甘州左卫阳化西渠，城南七十里，分坝有三，

灌田四十三顷一十四亩；阳化东渠，城南六十
里，坝有三，灌田三十顷六十六亩；宣政渠，城
南一百里，分坝有四，灌田二百二十八顷一十六
亩；大募化西渠，城南八十里，分坝有三，灌田
六十顷一十六亩；大募化东渠，城南一百二十里，
分埧有三，灌田八十三顷一十四亩；小募化上坝，
城南一百里，支分三渠，灌田二十二顷十七亩。

更详细的，所包含的信息就比较多了，例如乾隆
间抄本《玉门县志·水利》载：

靖逆渠水自南山发源，会入昌马河，直注西
北。在河口筑坝一道，西流渠口宽四尺，东流渠
口宽一丈六尺，截水东流。开西渠、西边渠、中渠、
上东渠四道。上东渠又分渠二道，一从东槽子西
流，一从巩昌河东北流，灌下东渠，并红柳湾民
屯地亩，余波入布鲁湖。中渠由黑崖子分派入口，
浇灌中渠户民田地，渠尾归入大东渠。西渠由城
西经磨河湾泉，绕川北镇、花海子等处，浇灌户
民田地，尾入新渠。西边由西渠分支派流，浇灌

官庄子、头道沟等处屯田地，渠尾入旧渠。

就将靖逆渠的发源、分坝、流经、灌地等情况，都作了大概的记录。

还有的地方志，会记载渠坝的修建疏浚的始末与现况。综合来看，虽反映的信息十分丰富翔实，实际上在同一部方志、同一个渠坝的记载中，几乎没有面面俱到的。但是在实际运用这些文献时，由于各地所处的自然和社会环境的差异不是很大，所面临的问题和解决的方法大同小异，就可以根据一地的情况，结合自然与社会的环境，以此类推、由此及彼，还是能说明和解决很多问题的。

（3）农田灌溉概况。这是水利志中记载最多的内容，也最能直观地反映出一个地方的水利状况。同样，对纂修方志的地方官员来说，这些记载也最能体现其治理一方的政绩。所以在水利志中，纂修者都会浓墨重彩地记录农田的灌溉概况，也就是农田的灌溉亩数。这些记载往往以"某某渠灌田多少亩"的形式出现，有简有繁，有略有详。

例如乾隆四十四年《甘州府志》卷六《水利》的

内容，就是张掖、东乐、山丹三县和抚彝厅的农田灌溉亩数，全篇采用"某某渠灌田多少亩"的记载方式。

张掖县：

阳化东渠，城南，灌田二十五顷六十亩有奇；阳化西渠，城南，灌田三十三顷一十亩有奇；

东乐县：

洪水头坝渠，城东南，灌田一百七十顷有奇；二坝渠，城东南，灌田八十二顷有奇；三坝渠，城东南，灌田一百二十九顷有奇；四坝渠，城东南，灌田一百二十顷有奇；五坝渠，城东南，灌田一百二十顷有奇；六坝渠，城东南，灌田一百六十顷有奇；

山丹县：

南草湖渠，城南，分坝一十有三，灌田四百顷有奇；西草湖渠，城西，灌田四十顷有奇；暖泉渠，城南，分五闸，灌田一百七十顷有奇……

抚彝厅：

抚彝渠，城北，上中下三号，灌田八十七顷

二十四亩有奇；新工渠，城北，上中下三号，灌
田三十顷四十五亩有奇；小鲁渠，城西，灌田
四十六顷五十五亩有奇；……

这种记载，相当简单。比较详细的记载，如乾隆
十五年《平番县志·地理志·水利图说》的记载：

岔口堡渠：东接庄浪河水，自石板口起，至
大野猪沟口止，流行二十一里，灌地二十六顷
一十五亩五分。西接庄浪河水，自标杆川沟口起，
至铧尖堡崖头止，流行一十里，灌地二十九顷
八十五亩。西接石门河水，自铧尖堡起，至鹰巢
山止，流行二十里，灌地一百余段，系雪水，天
旱则涸。

武胜堡渠：东接庄浪河水，自烟墩沟口起，
至屯儿沟口止，流行一十一里，灌地四顷六十九
亩四分。西接大河水，自马营沟口起，至付安加
沟口止，灌地一十一顷零三亩，又伏羌堡一带灌
地七十余段。……

像这样的记载，将河渠的一些情况记录进去，信息丰富，叙述详细。

灌溉概况，除了以亩数为单位外，还有以坊为单位的。例如道光十一年《敦煌县志》卷二《地理志·水利》载：

> 通裕渠，自沙枣墩分水渠口起，计长七十里，应浇民田一十二坊：镇番坊、上西宁坊、西河州坊、碾伯坊、武威坊、旧古浪坊、中河州坊、西山丹坊、东山丹坊、新西宁坊、上古浪坊、新河州坊……

不论以何种形式出现，这样的记载，仅仅体现了一地某一时期，水利事业的粗略情况，无法反映出水利的兴革变化。但这些记载，并非一无是处，虽然在当时更多是出于官员彰显自身政绩，但也为其后新官上任伊始，了解地方水利概况，或是进行水利设施的改造建设以及解决水利纷争等，保留了一些历史凭证。今天，通过这些记载，我们可以了解历史上某一时刻，一个地区的水利概况。再佐以其他文献记载，将这些数字，放到时间和空间的坐标中，进行前后比较，或是地区间比较，可以得出一个地方的水利的纵向和横向差异，多少能够看出这些数字所传达出的更深层次的信息。

2. 水利管理制度

水利是一项重大的社会事业，不论是先期的开浚建设，还是以后的利用与维护，都涉及方方面面的人与人、人与物的复杂关系。在长期的实践过程中，每个地方都依据实际情况，形成了一套有地方特色的水利管理制度。这套制度可以分为两类：一是渠坝修浚制度，二是灌溉制度。在清代河西走廊地方志的水利志中，均有关于这两方面的记载。

（1）渠坝修浚制度。渠坝修建疏浚是一项周期长、牵涉广泛、影响深远的工程，要将工程圆满完成，需要有详细的计划安排。清代河西走廊地方志的水利志中，对渠坝修浚的制度，多有涉及，只是有多少、繁简的差异。例如嘉庆二十一年《永昌县志》水利志设工作细目，有关于筑坝和疏沟的一些简单的规定。乾隆十五年《古浪县志》水利志载古浪渠、土门渠、大靖渠三渠时，也分别涉及了各渠修浚时的出夫、出料的一些规定。对渠坝修浚制度记载最为丰富的，是乾隆二年《重修肃州新志·沙州卫水利》，记录了迁民开荒修渠的始末。

首先，建盖房屋。规定给修渠的民夫，"按月发给房价银三两，并行令地方官于城外，每户给隙地二分四厘，各盖房二间"，并按原籍"每十户派立甲长一名"，以便于日后管理。

其次，分给田亩。民夫建盖房屋安定下来以后，"每户应给地一顷"，丈量好田地亩数后，"令约长将所分一州、县之地，令各户自行阄分。分给明白，即签订字号、牌桩，注明本户原籍县份、姓名、地亩顷数、段落四址"。

再次，设立乡、农、坊、甲。民夫从各地来到沙州，人口众多，在刚刚建屋、分地安顿下来后，如不及时建立相应的管理制度，日后恐难经管约束。于是，将安顿好的民夫"分为西南、中南、东南、东北、中北、西北六隅。即按隅设立乡约一名，农长一名，各司其事。如耕耘、灌溉、播种、收成，专约稽查匪类、酗酒、赌博，催各户上地，以及不许费口粮，并督令勤心喂养牛骡，守催开挖地亩，专以责之。甲长则管束用人考课，亦易现在举行，颇于招垦有益"。

先期准备工作完成后，就开始开修渠道。"户民到沙州给地屯种，首以水利为重。"沙州以前，开有东大渠、西大渠、西小渠三道，日久流沙淤塞，无法储蓄足够的用水，"查以上三渠，统计仅可足一千五百五十九户之灌溉，其使水尚属不敷；又相度地势查看水源，于农事未兴之先，又新开中渠一道，名庆余渠，计长十七里，宽六尺，深五尺，足资一百九十户之灌溉。又开西中渠一道，名大有渠，计长四十二里，宽一丈二尺，深七尺，足资六百五十六户之灌溉，随时修浚，毋使壅塞。嗣后，地方官按照举行，足为屯垦永利"。

最后，还设立渠长管理水利，防止"若无专管渠道之人，恐使水或有不均，易以滋弊"，以保证"使水时刻由下而上，挨次轮流灌溉，俾无搀越、偏枯等弊，则良田千顷，均沾水利矣"。

《重修肃州新志·沙州卫水利志》的渠坝修浚制度，还是宏观上的记载，真正涉及制度的细节还比较少。具体的细节，在地方志中比较分散、零散，需要我们去搜寻和整理。这些制度，对我们研究古代地方官员带领百姓修渠筑坝、疏浚沟道的经验是十分珍贵的资料，对今天开展水利工程的建设，也有一定的借鉴意义。

（2）灌溉制度。自古以来，水利是农业的命脉。由于河西走廊水资源相对匮乏，个体农户开发利用水资源的能力有限，在水的分配使用上，常常引起激烈的争端，"河西讼案之大者，莫过于水利"。[1]如何对有限的水资源，进行公平、合理的分配，就成为一项关系国计民生和社会稳定的工作。为此，河西走廊各县地方政府地都对水资源的灌溉分配制度，作了详尽而细致的规定。

清代河西走廊地方志水利志中，对于水资源的灌溉分配制度有很详细的记录。例如道光五年《镇番县志·水利图考》下设灌略、牌期、水额三个细目；嘉庆二十一年《永昌县志·水利志》下设灌略、释名两个细目。诸如此类，详细记录了水资源灌溉分配的原则、方法、水额等条约制度。

由于水资源的分配，关系到各个方面的利益，稍有不妥，就会引起很多争议乃至争斗，所以制定水资源分配制度尤其重要。以嘉庆二十一年《永昌县志·水

---

[1]　〔清〕张之浚等修，曾钧等纂：《鼓浪县志·地理志·水利图说》，乾隆十五年（1750）本。

利志·灌例》的记载为例：

> 河区为坝，每坝自属同井，乡不他徙，即渠不异灌，厥称古处哉。顾时会变迁，其常合者亦仅矣，有析上下两牌者，有划为上中下三牌且未已者，此灌规所由日起而加详也。

> 夫按地承粮，按粮摊水，诚万世不易之道。至于灌位下起，下闭则上开，上闭则下开，亦属所至皆然。乃若两牌上下或逐日齐灌，判其盈绌絜以尺寸，或按日轮灌，序其先后，限之晷刻，而其在一牌也，大略如之。但两牌之间，下牌路远则润其坝。一牌之内，下沟路近不润其沟。又如上坝上牌上沟灌余之水，听其下毗邻者，资之为用，与非分侵越者不同。

> 盖自有明，招民受地以来，迄今数百年之久，随时损益，经常之，则蔑以复加于兹。由旧无怨，纷更则弊。若夫亢旱流缩，引注维艰，或以两坝之水，并为一坝；或以上下牌之水，并为一牌；又或以数家之水，并为一沟，亦权宜所不可少者，而灌之为法，具于是矣。

这里介绍了分水的原因是"每坝自属同井，乡不他徙，即渠不异灌"，为防止各乡同争一渠之水，故以坝为单位制定牌期。各乡水额的分配是"按地承粮，按粮摊水，诚万世不易之道"。在具体的操作中，按照实际的情况，灌溉有上下之别，"下闭则上开，上闭则下开"轮流浇灌。同时，这些规章制度又随天气、水源情况，而有所变化。遇到"亢旱流缩，引注维艰"的年份季节，并坝、并牌、并沟灌溉，尽量做到水利均沾、共同用水、平均用水。

这些文献在当时是平均用水、解决水利纠纷、出夫修渠、征粮纳税的凭据。今天，且不说它体现了古代劳动人民的智慧，仅其中的经验教训，对于应对生产、生活用水的剧增，做好水资源的调度与分配，就有一定的借鉴意义。

（3）地方水利官员的设置。地方政府中都有相应官员管理水利。在方志中多设董事细目，记载这些官职的设置、职务。依据方志的文献记载，地方的水利官水利通判是朝廷命官，水利老人是由民众推举、县政府委任的。

嘉庆二十一年《永昌县志·水利志·董事》载："治水无专官，统归县令，然日亲簿书，未遑徧履亲勘，于是农官、乡老、总甲，协同为助。"道光五年《镇番县志·水利图考·董事》载："治水，旧有水利通判，乾隆年裁。嗣后遂隶于县，而水老实董其事。康熙四十一年，设水利老人，即今之水老。"水老多由地方有威望、有经验的老人担任。

除水利老人外，水利志中，还记载有水利总把、守闸、坝夫、渠正、渠长等职役。各官官役的职责，道光十一年《敦煌县志·地理志·水利·渠规》有详细记载："渠正二名，总理渠务。渠长一十八名，分拨水浆，管理各渠渠道事务。每渠派水利一名，看守渠口，议定章程。……水至立夏，日禀请官长，带领工书、渠正人等至党河口，名黑山子分水。渠正丈量河口宽窄、水底深浅，合算尺寸，摊就分数，按渠户数多寡，公允排水。自下而上轮流浇灌，夏秋二禾，赖以收稔……"记载了水利官役的设置、职责、人数等。

3. 水利认识

水利认识，是指官员和劳动人民在长时期改造、利用自然和处理人与人、人与水的关系等水利活动中的经验总结。这些资料在水利志中没有专门的类目，多分散在各项内容中。下面举例说明。

对水利历史的追溯。道光五年《镇番县志·水利图考》云："古无所谓水利也，自秦人开阡陌，沟洫之制废。后之智者因川泽之势，引水灌田。而水利之说兴焉。"这是说秦以后才开始发展农田水利。此论并不确切。

对水利的重要意义的认识。嘉庆二十一年《永昌县志·水利志》云："夫田之需水，犹人之于饮，勿渴焉已。""水者，田之血脉，农之命源也，顾不重哉？然凡物产丰啬，定于天。惟顺是受，而水可知矣。"

对水资源的总结认识。嘉庆二十一年《永昌县志·水利志》云："山水：水出于山必大，蓄深则发自盛也。有谓其质寒，其力强，集趋陡泻，最碍于苗，且以尘滓中含稠黏枝叶，不如泉水之滋润而清和。此说固然。要亦视水性土气何如耳。永之水，去山恒远，道长而行纡，故不甚浊。苗方出沐，望一色青葱，与泉陌同。"又云："泉水：泉出地中，星溢杯泛，故难伯仲山流。然山止二源，而泉则叠见，经灌之地奇零，衰延长可百数十里，利孔多矣。计其所获，由山水者间岁不同，泉则无甚赢缩，若以十年通较之，要亦相等。"这介绍了永昌水源的来源特点。在开发水资源的过程中，对不同水源的特点、优劣，都有比较直观的认识。

对水利与自然环境关系的认识。乾隆十五年《永昌县志·水利图说》云："山水之流，裕于林木，蕴于冰雪。林木疏则雪不凝，而山水不给矣。泉水出湖波，湖波带潮色，似斥卤而常白。土人开种，泉源多淤。惟赖留心民瘼者，严发令以保南山之林木，使荫藏深厚，盛夏犹能积雪，则山水盈留。近泉之湖波，奸民不得开种，则泉流通矣。"这段描述，颇有文学色彩，但恰当指出了林木、冰雪、湖水、泉水与种植农业的关系，并且也指出了保护永昌南山林木及山下湖水的重要性。又乾隆五十年《平番县志·水利总说》云："平邑之北，武胜至镇羌，近河者不事通渠，近山者不事导泉，盖地气高寒，耕种寡，灌溉稀也。邑南则水无遗利，旱则时苦不足，欲自分水岭之右导大通之别支，以达庄河马牙积雪松林，禁勿剪伐以蕴其源，不惟红、苦诸堡之不竭。"这指出平番县（今甘肃省永登县）县南水利的不足，以及想要开发大通河的意愿，并提出保护林木、涵养水源的建议。时人根据当地的自然条件和开发水利的实践经验，认识到林木对蓄水的重要性，禁止随意砍伐树木，以保证水源常用不竭。

对开展水利工作的认识。乾隆十五年《永昌县志·地理志·水利图说》云："水利之兴务详其源，源出于泉或出于山。"嘉庆二十一年《永昌县志·水利志》："从来治水在于导源，而今所尤宜亟者有二，一曰筑坝，……一曰疏沟……"指出治水用水的关键所在，曰详其源，曰筑坝、疏沟，就是指探明水源，筑坝疏通沟渠，方志中有比较详细的记载。道光五年《镇番县志·水利图考》云："镇邑地介沙漠，全资水利。播种之多寡，恒视灌溉之广狭以为衡。而灌溉之广狭，必按粮数之轻重以分水。此吾邑所以论水不论地也。有为调剂之说者，谓今古时会不同，地势亦异，昔之同坝行水者，近且分时短行矣，合未见有余，分即形不足，其说诚。……夫河渠水利，固不敢妄议纷更，尤不可拘泥成见，要惟于率由旧章之中，寓临时匀挪之法，或禀请至官，当机立决，抑或先差均水以息争端，毋失时毋枯，斯为得之，贤司牧其知尽心哉。"指出，由于古今情况变化，地境条件不同，分水工作既不能千篇一律，又不能墨守成规，而要根据当时的实地情况，有针对性地进行分水，这样才能水利兼沾。并且还指出，在处理水利纷争，进行分水时，地方官员要当机立断，避免延误过久，致使纷争恶化，耽误农业生产。

4. 水利纷争

水利纷争是清代河西走廊主要的社会问题之一。[1]由于受到自然因素与社会因素的影响，各县、各渠乃至各户之间经常发生争水纠纷。乾隆十五年《古浪县志》云："河西讼案之大者，莫过于水利。一起争端连年不解，或截坝填河，或聚众毒打，如武威之乌牛、高头坝，其往事可鉴已。"[2]官府处理争水纠纷的文案，称为水案，其目的是杜争竞而垂久远，其内容则反映了河西走廊的争水矛盾和政府行使调节共同用水、平均用水的社会职能。[3]

---

[1] 王培华：《清代河西走廊的水利纷争及其原因》，《清史研究》2004年第5期，第78页。

[2] 〔清〕张之浚、张珩美修，赵璘、郭建文纂：《古浪县志·地理志·水利图说》乾隆十五年（1750）本。

[3] 王培华：《清代河西走廊的水利纷争及其原因》，《清史研究》2004年第5期，第78页。

二、其他水利文献

在河西走廊地方志中，有些篇目集中记载水利文献，其他篇目中，也有许多关于水利的文献。归纳起来，多数存在于志书的总序、山川志、艺文志这三个部分中，其中艺文志，最为丰富。水利文献，同时出现在这些篇目中，主要是由于事物的内在联系，以及纂修者的主观原因。

（一）地方志中其他篇目的水利文献

1.总序、凡例中的水利文献

总序，是在方志写成后，对其写作缘由、内容、体例和目次等，加以叙述、申说等。凡例，就是对方志形式、内容所作的具体条文式的规定和说明，不但对方志编修目的、方法和内容结构，做纲领性说明，而且对编写志书具有指导意义。总序、凡例，针对志书中的类目、内容，多有评论，往往体现出纂修者对所记载的人、事、物的评价和编写要求。总序、凡例中，涉及水利的论述，有的是概括一方水利状况，有的表明纂修者对水利的认识，或水利在志书中的地位。如道光十五年《山丹县志·序》："向之洪水、胜泉、南湖、盐池，缭绕于青山、合黎之下，用以施引流灌虏之策者，今则浚水渠、灌田亩，以利民用矣。"[1]山丹县各河水，以前用于战事，即淹灌长城外的游牧民族帐篷。如今则用来灌溉农田，发展水利。道光十一年《敦煌县志·凡例》："敦煌自屯田以后，凡地方事宜，均照昔办日理。六隅户民，田亩悉资党河水利，分为十渠。"[2]即敦煌屯田分水规则，仍遵守旧章。以上两条记载分别概括了山丹县、敦煌县的水利概况。又如道光五年《镇番县志·凡例》："旧志，水利统归地理，但地理有定，水则变迁无常，况镇邑十地九沙，非灌不殖，尤为民命所关。"[3]通过区别地理与水利的不同，来凸显水利的变化，以及水利对于民生的重要意义。

2. 山川篇中的水利文献

水利"与江河有密切关系，有江河处，便有水利"[4]。

---

[1] 〔清〕党行义纂，黄璟续纂：《山丹县志》，道光十五年（1835）本。

[2] 〔清〕苏履吉等修，曾诚纂：《敦煌县志》，道光十一年（1831）本。

[3] 〔清〕许协修，谢集成等纂：《镇番县志》，道光五年（1825）本。

[4] 欧阳发、丁剑：《新编方志十二讲》，黄山书社，1986年，第104页。

古代的水利活动与自然条件紧密相连，在地方志中，也体现这种联系。在以记载本境名山大川为主的山川篇目中，也有水利文献。

例如道光五年《镇番县志》卷一《山川》载："大河，在县南，其源五，派出凉州五涧谷，自蔡旗堡南界流入县，东南分岔灌田……九眼泉湖、庙儿湖相去三里，在县南黑山堡界，距旧堡十里。夏月，堡民引水灌苗。又苇子湖、蔡湖、老鹳湖，在重兴堡界，堡民引水灌溉。"由此可见，山川篇中的水利记载，更强调灌溉的水源，而非水利活动。

又如乾隆四十四年《甘州府志》卷四《山川》载："洪水河，城东南祁连山发源，渠水灌六坝田亩；虎喇河，城东南祁连山发源，渠水灌鹿沟、明洞等处田亩；大都麻河，城南祁连山发源，渠水灌大慕化东、西渠等田，《旧志》分坝有六；马蹄河，城南祁连山发源，渠水灌田，《旧志》分坝有三；酥油沟，城东南祁连山雪融化，不异胭脂，《旧志》宣政渠，分坝有四，田亩俱资灌溉；山丹河，城东自山丹东西两泉发源，引渠九道，自十二坝至二十坝，均资灌田。"这样的记载，兼述每条河沟的水利规划和灌溉概况，在山川篇中的比重，增加了不少。

此外，《甘州府志》《山川》篇，还收录嘉庆年间宁夏将军兼甘肃提督苏宁阿《八宝山来脉说》《八宝山松林积雪说》《引黑河水灌溉甘州五十二渠说》三文，记载了地方官府禁止随意伐林以保护水源的规定，以及甘州府内诸县各渠引黑河水灌溉农田的情况。

山川篇中的有关水利的记载与水利志中所记载的渠坝有些交叉，但内容上各有侧重。山川篇，重点介绍山川作为水源的作用、山川本身的位置等情况，有关水利的记载，处于附属地位；水利志，则注重记述渠坝的修竣疏通、分流灌溉、管理协调等人类活动。记载山川，多是作为开渠引水的源头。今天，我们可以将山川、水利两篇的水利记载，相互参照、综合运用，全面了解一境的水利开发、建设和利用情况。

3. 艺文篇中的水利文献

艺文志是地方志中收录文献的部分。它收录有关本境内各种文体的文献，上至皇帝的诏书、大臣的奏折、碑记、事记，下到地方的俗语、民谣，涉及的内容丰富多样，其中有很多有价值的资料。

地方志《艺文志》中，水利工程、事件的详细记载，是各种"记"。如表 7 所示。

表 7　艺文志中"记"统计表

艺文志	记
乾隆二年《重修肃州新志·文》	沈青崖《创凿肃州庄口东渠记》《张掖河水运记》
乾隆十五年《永昌县志·艺文志》	南济汉《神龙祠记》
乾隆四十四年《甘州府志·艺文中》	袁州佐《重修中龙王庙合祀碑记》王廷赞《重修黑河龙王庙碑记》慕国琠《开垦屯田记》
道光十五年《山丹县志·艺文》	王钦《建五坝龙王庙记》贺璋《重修白石崖碑记》赵明《建大马营河龙王庙记》黄璟《草头坝移粮记》

地方官员、缙绅在主持完成一项水利工程后，往往都会作记，详细记录这项工程缘起、过程、出夫、出捐的情况。有的写完后还会勒石刻碑，不仅表示纪念歌颂，而且还希望碑记在现实维护用水中发挥见证或促使人们遵守水则的作用。例如，道光十五年《山丹县志》卷十《艺文》收录《重修白石崖碑记》，记载白石崖渠，明末至乾隆十五年之间六次疏浚的情况，成文后"谨勒石以志不朽"。表 7 中，沈青崖的《创凿肃州庄口东渠记》也属此类。除了这类对水利工程的记载，

从表7中我们看到最多的是各种龙王庙记。龙王，是古人对水的自然崇拜的神圣化，它寄托着人们对风调雨顺的渴望。表7所列的龙王庙记，都是在完成与水利相关的活动后，或建庙或祈祷后所作。因此，诸篇记名虽为龙王庙记，实则其中有很多关于水利的内容。例如乾隆四十四年《甘州府志》卷十四《艺文中》收录王廷赞《重修黑河龙王庙碑记》，文中描述了张掖自然环境恶劣、水资源匮乏以致水利事业难以开展的情况。文后附录《发给执照》一文，记载了张掖境内龙首堡等堡对洞子渠的用水分配情况，以防止各堡争水。再如道光十五年《山丹县志》卷十五《艺文》收录《建五坝龙王庙记》一文，开头曰："山丹卫治南五十里许有石嘴山焉，山下有大河一道，名暖泉渠总河口，即渠民衣食源所属也。"其后，详细记载明清两代三次重要的疏浚工程，尤其是康熙年间的疏浚工程，记载最为详细。此外，还有诸如屯田记中，有关于屯田开发水资源的记载，水运记、移粮记中有关于水运交通的记载。

《艺文志》中有记，还有诗赋。诗赋，文学色彩浓厚，但往往高度概括地方的水利情况。例如，乾隆十五年

《平番县志·艺文志》收录曾钧《凉州赋》云："溯疏导之神功，实元圭之所洽。其水利则裕源积雪，佐以泉流，分列渠坝，开窦洒沟，堤塍鳞列，原隰与周，启闭以时，高下相佯，遵红牌之期刻，谁敢踰乎？持筹则有分流激湍，狭堤垂荫，驾数椽于两涘，悬轮辐于水阰，飙疾箭驶、雷咆电迅，惊转磨于波涛，纷玉屑于水镜，助人工之操作，乃水泽之旁润。"概述凉州水利源于高山积雪和泉流，当地人民建渠坝分流，按时启闭，按照红牌时刻，进行分水活动，以及按筹分水，水车疾转，水磨加工面粉的情况。再如道光十五年《敦煌县志·艺文志》中苏履及《党水北流》中有这样两句："党河分水到十渠，灌溉端资立夏初。"区区 14 个字，高度概括了党河十渠分水、立夏初开始灌溉的情况。艺文志中类似的诗赋，同样记载历史的实际情形。虽然比水利志的记载，显得笼统，但由于其本身优美的文采，可以在学术研究中，用来介绍水利概况，或是评价水利活动，增加文章的可读性。

　　总序、凡例、山川志、艺文志是地方志中，除水利志外，保存水利资料较多的类目。此外，在个别地方志的其他类目中，也有一些有关水利的记载，例如道光十五年《山丹县志·人物·官师》，顺治十四年《甘镇志》卷一《风俗》，道光十一年《敦煌县志·杂类志》。尤其要说明的是职官志，其记载的多为官员在任的政绩，涉及治理水利的记载，如道光十五年《山丹县志·人物·宦绩》载："杨溥，山西蒲州人，魁梧丰硕，安闲有识量。嘉靖八年进士，累官督粮参政，二十五年擢右佥都御史，巡抚甘肃。大兴屯田，募民开垦，永不征租。二十六年凿龙首渠、政东泉渠；二十七年修寺沟红崖子渠；二十八年修张掖二坝，河西渠改宁西渠，浚山丹大小募化渠；二十九年改甘州红沙渠，修德安渠，躬诣咨划。"《山丹县志》之《水利志》无明朝的水利记载，《人物·宦绩》的记载就可以作为补充，与水利志，相互参照。

（二）水利文献出现在这些篇目中的原因

方志是按照人、事、物等的类别，分篇来记录的，不同类的内容，有相应的篇目。为什么在地方志的其他类目中，会出现许多水利文献呢？在总序、凡例中出现有关水利的描述，可以理解，因为总序、凡例是对志书全貌的概括，起提纲挈领的作用，这些描述多是纂修者对水利的认识和理解，也是指导修志的原则，很少记载水利实践活动。那么，山川志、艺文志中出现的水利文献，应该如何解释呢？笔者试呈管见。

1.事物的内在联系，引起交叉记载，这主要是针对在山川志中出现水利文献而言的

方志采取"横排门类""以类系事"的方式，分门别类地记录一方各种情况。然而，事物之间的区别是相对的，事物之间的联系是绝对的。正是事物之间的普遍联系性，使方志的分类记载中，联系紧密的事物之间，出现交叉记录现象。

"交叉是指志书在记述同一事物时，以不同的方式出现，以体现事物之间的相互渗透和彼此联系。旨在反映事物之间的内在联系，是行文的一种艺术。"[1]需要强调的是，交叉不是重复。交叉虽是缘于事物的内在联系，但也注意彼此之间的区别，记载角度、侧重点，是不同的。而重复是雷同，是相同的东西反复出现，完全没有必要，是行文的失误。

---

[1]　李天程：《正确处理志书的交叉与重复》，《黑龙江史志》2006年第8期，第29页。

水利"与江河有密切关系,有江河处,便有水利"[1]。湖川江河与水利联系密切,尤其古代科学技术不发达,人类力量十分有限,就更依赖于自然条件。所以,古代水利活动都要根据本地的水资源来进行。临江临河临湖的地区,水利开发,要更便利和丰富。于是,在志书"山川"中出现有关水利的记载,就显得合情合理、不足为奇。然而,志书在分类记载时,进行交叉处理的时候,已经认识到二者的区别。章学诚曾分析说:"史迁为《河渠书》,班固为《沟洫志》,盖以地理为经,而水道为纬。地理有定,而水则迁徙无常,此班氏之所以别《沟洫》于《地理》也。顾河自天设,而渠则人为。"[2] 指出了山川与河渠的主要区别在于,河(川)是天(自然)的因素,而渠(水利)是人的因素,所以要别《沟洫》于《地理》也。所以,如笔者前面所论述,清代河西走廊的方志中,山川篇注重的是将山川作为可开发利用的水源来介绍其概况。相对于山川本身的位置、名胜等情况,有关水利的记载,处于附

---

[1] 欧阳发、丁剑:《新编方志十二讲》,黄山书社,1986年,第104页。

[2] 〔清〕章学诚著,叶瑛校注:《文史通义校注》卷七《永清县志水道图序例》,中华书局,1985年,第741页。

属的地位，还是强调"天"的因素；水利志则注重的是渠坝的修竣疏通、分流灌溉、管理协调等人的活动，强调"人"的因素。

2. 主观上记载史实，客观上保存了文献，这主要是针对艺文志来说的

方志中的艺文志，受到正史艺文志的影响而产生，最初它也是仿效正史艺文志，著录一方书籍文献的书目或篇目，直至清代，一些由地方官吏主修的艺文志，内容发生变化，以收录诗文取代书目，此举遭到章学诚等的反对。章学诚力主方志本源于史的立场，批判"近人修志，'艺文'不载书目，滥入诗文杂体"[1]，提倡方志中的艺文志，应仿效班固，"为著录之书"[2]，即著录一方书籍文献的目录，其作用是考镜一方学术源流。这种争论一直持续至今。

方志艺文志的作用是保存地方文献，之所以会有上述争端，一部分原因是所收录的奏折、记、碑文、诗歌等，大多是用来对地方官员士绅进行歌功颂德，

[1] 〔清〕章学诚著，叶瑛校注：《文史通义校注》卷七《永清县志文征序例》，中华书局，1985 年，第 788 页。

[2] 章学诚著，张树棻纂辑，朱世嘉校订：《湖北通志·凡例》，见《章实斋方志论文集》，山东省地方史志编纂委员会办公室 1983 年重印，第 203 页。

为此"甚至挟私诬罔，贿赂行文"[1]。清代河西走廊地方志艺文志，收录的奏折、记、碑文、诗歌等，不排除有歌功颂德之嫌，但大多数还是纂修者出于记载史实的需要。乾隆四十四年（1779）王廷赞序《甘州府志》曰："问山川流峙，曰不知；问礼乐政刑，曰不知；问兵屯沿革，曰不知；问人物臧否，曰不知。"其中原因就是文献不备、史实不载，感叹"览古可以宜今，征言可以致用，诚哉！"[2]在这种认识指导下，《甘州府志·艺文》以"取实非取文"[3]为收录文献原则，收录袁州佐《重修中龙王庙合祀碑记》、王廷赞《重修黑河龙王庙碑记》、慕国琠《开垦屯田记》，其中记录很多具体翔实的水利史事。

方志纂修者，志艺文，在谈到收录文献的作用时，或曰"文所以纪政事、达民隐"[4]，或曰"载稽文献，谓足以信今传后也……可备好学者之研究，而问风者之

[1] 〔清〕章学诚著，叶瑛校注：《文史通义校注》卷六《州县请立志科议》，中华书局，1985年，第588页。

[2] 〔清〕钟赓起纂：《甘州府志》，乾隆四十四年（1779）本。

[3] 〔清〕钟赓起、迈亭：《甘州府志·凡例》，乾隆四十四年（1779）本。

[4] 〔清〕苏履吉等创修，曾诚纂辑：《敦煌县志》卷六《艺文志·小序》，道光十一年（1831）本。

采择"[1]，即记载境内史实，了解民情，传播后世，以备后世查访。正是出于这种目的，《艺文志》收录许多有价值的文献，客观上保存文献，"毋至久远而难稽也"[2]。《艺文志》与其他分志相表里，补充各分志之未备者，其中的水利文献，亦是如此。水利志中的记载，多是集中描述地方水利现状，而对于水利活动的前因后果、过程细节、主要人物等，记载不详。艺文志正好补水利志粗略之不足，与水利志互为参照，给读者具体形象的知识。因此在客观上，艺文志收录的各种体裁的文章，能够反映各时代各方面的情形，亦是可贵的资料，对当时和后人均有裨益。

对于艺文志是否收录诗文之争，已有学者在探索解决的办法[3]，于此不作赘述。笔者浅见，是否可以

---

[1] 〔清〕党行义纂，黄璟续纂：《山丹县志》卷十《艺文》，道光十五年（1835）本。

[2] 〔清〕苏履吉：《敦煌县志序》，道光十一年（1831）本。

[3] 朱林风在《新（续）志艺文志初探》（《中国地方志》2002年第2期）中提到："《平江县志》艺文上卷载书目，下卷录诗文。"陈华在《第二轮修志应增补艺文志》（《中国地方志》2005年第11期）中指出："艺文志之名既源于《汉书·艺文志》，且其内容只记书目，其体例千百年来没有被否定，我们不妨一仍其旧。至于诗、文当然也是一地的文化的主要内容，收录诗、文毕竟不是什么坏事，应当收录。"

将相关诗文，归属到相应的类目下？例如，道光五年《镇番县志》于《水利图考》中置有"碑例"一目，收录《总龙王庙碑记》《县署碑记》。此外，《水利图考》还收录《旧志（乾隆四十八年）水利图说》《蔡旗堡水利》两文。今天修志，是否可以在仿效旧志的基础上，进一步让各体文章，融入到各分志的正文中？这样，既省去前后翻阅的麻烦，又可以增强志书的可读性。或者将相关诗文的名称收入各分志正文下，而在《艺文志》中收入相关诗文的内容，形成互见法。这也是可以考虑的。

三、水利文献的来源与缺憾

"志之重要，在于资料。"[1]可以说，资料是地方志的生命，搜集和整理资料，是编纂地方志的先决条件。所以，梁启超有云："夫方志之著述，非如哲学家、文学家之可以闭户瞑目其理想，而遂有创获也。其最重

---

[1] 周谷城：《为湖北地方志的题词》，见《中国方志百家言论集萃》，四川省社会科学院出版社，1988年，第217页。

要之工作在调查事实、搜集资料。"[1]对各种资料的整理、组织、撰述，最终决定志书的质量。

作为记载一方各项社会及自然情形的著述，由于地方志内容涉及广泛，就要求多方搜集资料。同时，由于地方志收录的资料具有一定的时效性，可供选择的文献资料相对较多。这些，都为修纂方志提供了比较多的资料来源。具体到水利志的文献来源，既有与其他类目相同的途径，也有其自身比较独特的途径。然而，受到一些因素的影响，水利志的文献又存在着一些缺憾。

（一）水利文献的来源

根据清代河西走廊地方志水利志的记载分析，其文献的来源主要有官府档案、民间采访与实地考察、前志资料三种。

1. 官府档案

由于水利工程的浩繁以及水利关系紧要，自古以来，水利活动主要是政府行为。嘉庆二十一年《永昌

---

[1] 梁启超著，张圣洁校点：《清代学者整理旧学之成绩三》，见《中国近三百年学术史》，河北人民出版社，2004年，第328页。

县志》载："治水无专官，统归县令。"[1]官府对一些重要的水利活动，都及时且翔实地记录与归档，以备以后新建、修缮水利设施及其他活动参考，而这些档案，也就成为地方修志的一大文献来源。"在编史修志工作中，档案历来是最完整、最系统而又比较可靠的史料来源之一。"[2]在清代河西走廊的地方志中，虽然没有明确指出哪些水利文献是出自官府档案，但是细细分析，还是可以看出端倪。

首先，渠坝等水利设施的建设与修缮。水利设施的建设与修缮，涉及人力、物力、财力以及其他方方面面，例如发起人、协助人、建设期限、出夫、出资、渠道流经何处等等，这些，必定会有详细的记录归档。这是一方水利事业的主要内容，修志必会取资于档案。例如乾隆四十四年《甘州府志》记载修竣渠道后，根据出资多少，发给用水执照，曰："嗣后如有刁徒争夺渠水，及侵占地亩，及扳扯出夫推差者，许尔等执此

---

[1] 〔清〕南济汉纂：《永昌县志》卷三《水利志》，嘉庆二十一年（1816）本。

[2] 王建宗：《地方志与档案》，见《中国方志百家言论集萃》，四川省社会科学院出版社，1988年，第219页。

鸣官，究处其四至粮石，本县有案卷据查。"[1]

其次，用水管理制度。用水的管理制度，直接关系到水资源的公平、合理的分配利用，地方政府根据自然环境、耕地面积等，进行精心细致的安排，制定各种灌例、牌期，即分水制度，而这些制度都会归档，例如记载水额分配情况的使水花户。乾隆《古浪县志》载："各坝各使水花户册，一样二本，钤印一本，存县一本，管水乡老收执，稍有不均，据簿查对。"[2]此志《水利图说》所载各坝的使水花户，必取资于县府户科，或档案房。

再次，水利纠纷。水利纠纷又称水案。在使水过程中，有些使水户或渠坝违背既定的分水规则，引起利户或沟渠间的纷争。处理水案涉及的文件，最后都会归档，而由此制定或修改的分水制度，勒石成文，成为官府档案，每遇争端诉讼，就会成为解决争端的凭据。

最后，还有灌溉亩数等，是县府户科的重要数据，

---

[1]〔清〕钟赓起纂修:《甘州府志》卷十四《艺文中》，乾隆四十四年（1779）本。

[2]〔清〕张之浚、张珝美修，赵璘、郭建文纂:《古浪县志·水利图说》，乾隆十五年（1750）本。

也要归档，因为涉及修渠时出夫出料，以及制定分水制度、解决用水争端，最主要的是灌溉亩数是征收税粮的标准，而能够灌溉多少农田，也是根据水量和缴纳税粮的总额。河西走廊地方志的水利文献，很大一部分都是灌溉亩数的记载，这必定也要取材于档案。

2. 民间采访与实地考察

地方志中的文献资料，有相当一部分是得自于民间采访。例如为修纂《甘州府志》，甘州府知事钟庚起颁发《修甘州府志告示》，告示曰：

> 示府属绅衿士商军民人等一体知悉：或系簪缨贵胄，或繇蓬荜清门，或工邹鲁词宗，或习孙吴阵略，或征廛而肆业，或负耒以横经，或开城郭闲闳，或处乡村院舍，必恭桑梓群居。自见见闻闻，均系枌榆汇集；麟麟炳炳，若藏家乘启笥。逾彰曾荷国旌缄箱越显，一丘一壑，烟霞尽可披图；半草半真，翰墨何妨摘艳。虽断碑残帙，捴供摭拾之资，矧枕谷栖岩，尤便摩挲之助。务将百年胜轨，腾达笺红，宁使千里名圻，沉沦曳白。庶赖此邦评月旦，识大识小之有贤，毋荧他日听

风谣、征献征文之无具。正在濡毫以待，希为蜀
藁而陈滇至示者。[1]

这份告示要求境内人民无论贵族或寒门，无论习儒
学、诗词或习战阵兵法，无论商人或耕读，无论城市
或农村，应当把见闻、家乘、翰墨断碑残帙，岩石摩
刻，都收集上交以待他日采风、征献征文之所需。

方志内容涉及方方面面，修纂者难以面面俱到，
于是发动民间，搜集资料，供官府修志参考，这是一
个重要的渠道。最主要的原因是，百姓是水利建设的
主要参与者，同时也是水利建设的直接受益者，他们
对于水利建设的过程，有比较清晰的记忆，而且，对
于水利的利用，更有切身的体会。这些可以弥补官府
档案的不足，为修志提供比较具体客观的文献。

同时，实地考察又能弥补民间采访的不足。方志
注重对现时的记载，且具有很强的实地性。水利活
动，由于受到自然环境的影响，并且，其活动的痕迹，
例如疏渠、筑坝，乃至自然灾害对水利设施的破坏，

---

[1] 〔清〕钟赓起纂：《甘州府志》，乾隆四十四年（1779）本。

都是实实在在存在的。而这些，又非档案能及时记录、民间可以时时留意的。而且，有些民间采访所得的资料，有一定的主观性和偏差，而实地考察，既能及时获得变化的信息，又能保持一定的客观性，获取一手资料。例如乾隆十五年《平番县志·水利图说》在记载境内原有的渠坝、井泉后，又记载新开浚的渠坝与井泉，曰"其余水灌地四百余段，俱系初辟，尚无定额"。"五井之处，近来渐井，深可数十丈。"[1] 这些初辟之渠、渐开之井，如不是实地考察怎能知其详情？

因此在修志前或修志过程中，实地考察水利设施，获取一手资料，既记载境内水利设施的新变化，又以此来检验手边资料的准确性和时效性。

3. 前志资料

地方志往往是几十年一修，呈现出连续性的特点。如此一来，前志便成为新修志书的资料来源之一。有些旧志纂修，根本就是以前志为底本，删增而成。有学者分析原因说："此举或略更旧

---

[1]〔清〕张之浚、张珣美修，赵璘、郭建文纂:《平番县志》，乾隆十五年（1750）本。

体，或出自节约刊刻经费，且可从速成书等各种原因。"[1]此举正说明前志是修志的资料来源。

清代河西走廊地方志中的水利文献，有许多是来源于前志的。例如道光五年的《镇番县志》，其《水利图考》就是在前志的基础上，补前志之所缺而成。其《凡例》曰："《旧志》卷首惟绘疆域、水利二图，而城池、县治、泮壁、黉宫，盖未绘图，今悉增入。"[2]但只是凡例提及，于正文中，未有明显标示。转载前志记载，最明显的是乾隆十五年《镇番县志》与道光五年《镇番县志》。道光《镇番县志》中《水利考·水案》所记载的校尉渠案、羊下坝案、洪水河案，完全照搬乾隆《镇番县志》，连按语也是一模一样的，但是，不注明文献的来源。做得比较好的，是乾隆间《凉州府志备考》，其《地理山水卷》记水，转载的文献前，注明出处。如"武威县：永昌渠。《乾隆府厅州县志》'永昌渠在武威县西南五十里，出土弥干川，溉田一千四百

---

[1] 瞿凤气：《方志新议》，见《中国地方史志》1982年第1期，第44页。

[2] 〔清〕许协主修：《镇番县志》，道光五年（1825）本。

余顷。'"[1]

（二）水利文献的缺憾及原因

清代河西走廊地方志中水利志文献内容丰富，一方面是笔者立足于将十几部方志，作为一个整体来看，并未从每部方志本身出发。水利志的一些优点无法同时体现在同一部方志中的。另一方面，我们仅就水利志本身来谈水利志，未与方志中的其他类目的记载，进行比较。应该说，十几部方志水利志中的水利文献，也存在着不少问题，笔者就两个方面谈一谈。

其一，较之其他类目，水利志在一部方志中的比重太少。在方志中，比重最大的往往是人物志、艺文志，水利志是比重最小的类目。笔者简单做了一个比较，应该可以窥见一斑。

---

[1] 〔清〕张玿美总修，张澍辑录：《凉州府志备考》，武威市市志编纂委员会办公室，1986年。

表8　水利志比重对比简表

志书名称	人物志		艺文志		水利志		总页数
	页数	百分比	页数	百分比	页数	百分比	
（道光）敦煌县志	47	29.9%	38	24.2%	4	2.5%	157
（道光）山丹县志	67	28.6%	45	19.2%	13	5.6%	234
（道光）镇番志	61	20.7%	无此类目		21	7.1%	295
（嘉庆）永昌县志	27	22.1%	27	22.1%	6	4.5%	122
（乾隆）武威县志	23	25.3%	31	34.1%	3	3.3%	91
（乾隆）甘州府志	70	10.1%	281	40.5%	11	1.5%	693
（乾隆）永昌县志	佚		32	27.1%	2	1.7%	118
（乾隆）玉门县志	无此类目		无此类目		1	9.1%	11
（乾隆）重修肃州府志	97	27.7%	104	34.1%	9	2.6%	350
（乾隆）平番志	6	9.8%	8	13.1%	3	4.9%	61
（乾隆）永昌县志	6	12.5%	7	14.5%	3	6.2%	48
重刊甘镇志	15	6.7%	无此类目		9	4.1%	224
凉州府志备考	206	30.0%	181	19.3%	无此类目		937
（乾隆）古浪县志	7	12.7%	10	18.2%	4	7.2%	55
（乾隆）镇番县志	10	16.7%	14	23.3%	3	5.0%	60

　　从表可见，在每一部方志中，水利文献的比重实在很少。那么，它所承载的信息就会很少，其价值也就很有限。水利志内容的多少，一方面受到自然条件的影响，即这一地区水资源的先天条件。如果水资源

丰富，水利活动相应地就会频繁，那么方志记载就会随之增加。但方志毕竟是由人来修纂的，这种比重上的差异，有人为因素。

其二，水利文献记载的片面性与笼统性。白寿彝先生在谈到历史文献的局限性时，说道："不少文献资料是脱了线的。尽管资料内容很好，但时间和地点都不可考，都不容易利用。"又说道："在文献资料中有一个传统的毛病，就是记载笼统。"[1] 这两个局限，在清代河西走廊地方志的水利文献上，体现为记载的片面性和笼统性。

片面性，就是仅记载某一时刻的水利情况，前后情况不明。虽然地方志只是记载一段时期内的情况，但在这段时期内，水利状况会有变化。然而时人修志，多是罗列当时的水利概况，鲜有将前、后的水利变化交代清楚的。这一点跟地图类似，地图也只是反映某个时间点的情况。例如，道光五年《镇番县志》载："小二坝属沟二十三道；更名坝属沟四道。"[2] 此志，距离前次修志"乾隆庚午（乾隆十五年，1750）以后，至今

---

[1] 白寿彝：《再谈历史文献》，见《中国史学史论集》，中华书局，1999年，第525页。

[2] 〔清〕许协主修：《镇番县志·水利图考》，道光五年（1825）本。

七十余年，变迁不一"[1]，而修纂者并没有记载七十余年间的变化。查阅乾隆十五年（1750《镇番县志》，载："小二坝，通长三十里，属沟一十五道，渠口二，额水五昼夜零时四个为一牌。……更名坝，通长十余里，属沟三道，渠口二，额水二昼夜零时六个为一牌。"[2]这两则记载，首先没有明确的时间，只能理解为，修志的时间，反映的就是记载之事的时间。其次，两坝的属沟情况，都已发生变化，但没有说明变化发生的时间。这样的记载，在水利文献中有很多情况。例如记载水利设施，只描述其形制，不记载前后修浚改善；记载灌溉概况，只记录某时的灌溉亩数，不记载前后增减变化，等等。这些不连贯的记载，正如白寿彝所说"是脱了线的"，不便于后世利用。

　　笼统性，就是水利文献反映的内容不够具体、准确。例如顺治十四年《甘镇志》记载各渠灌溉情况后，说"以上十渠，俱山水"[3]，没有具体说明渠水源于何山。

---

[1]〔清〕许协:《镇番县志序》，道光五年（1825）本。

[2]〔清〕张之浚、张珝美修，曾钧、魏奎光纂:《镇番县志·地理志·水利图说》，乾隆十五年（1750）本。

[3]〔清〕杨春茂纂修:《甘镇志·地理志·水利》，顺治十四年（1657）本。

再例如乾隆十五年《永昌县志》载："涧转口渠，在县东南三十里，一名涧水，涧水源出雪山，东北流经涧转山口出，计灌十四堡寨，共分九坝三沟，盛夏冰消水始足。"[1]而在其下的记载，仅以"金龙坝，县东二十里"的形式，记载九坝的大体方位，既没有说明"十四堡寨"所指，也没有记载各坝流经、灌溉等情况，更没有记载"三沟"。在清代河西走廊地方志的水利文献中，存在很多这样记载笼统、指向不明的情况，使得这些文献本身的价值大打折扣，也给后人查阅和利用这些文献带来不便。

除以上两个比较明显的缺憾外，这些水利文献还存在诸如数据有误差、记载简略等问题，出现这些问题的原因，笔者认为有以下几点。

第一，受史书体例的影响。地方志在发展成型的过程中，受到很多著述形式的影响。其中，对地方志从体例到内容，产生全面的、最为深刻影响的著述形式，便是史书，尤其是正史。现存清代河西走廊十几种方志，无一不体现出史书的影响。如道光十五年《山丹县志·序》曰："夫邑之有志，犹家之有乘、国之有

---

[1]〔清〕张之浚、张珝美修，沈绍祖、谢谨纂：《永昌县志·水利图说》，乾隆十五年（1750）本。

史也。"[1]嘉庆二十一年《永昌县志·序》曰："志者，即古列国之史。"[2]乾隆十五年《镇番县志·序》曰："志者志也，例起于班史之志，郡国者沿而加详焉耳。前乎此者有志乎？曰有周官小史氏掌邦国之志。"[3]可见，修纂者均将方志作为地方史书来纂写，其体例必然受到史书的影响。从司马迁《河渠书》，到班固《沟洫志》，以及后来的《宋史》《金史》《元史》《明史》中的河渠志，尽管水利志本身的内容越来越多，但是在整部史书中，其比重一直都是很少的。在史书体例中，它始终处于略写的境地。这种境地，影响到地方志的修纂，就是水利志的比重很小。

第二，由阶级立场决定修志思想。地方志多由各级地方政府主持修纂，很大程度上，都是按照其阶级利益、意志，记人载事，宣扬三纲五常，表彰忠节孝义，维护其阶级道德、秩序和统治。在此修志思想指导下，方志花很大篇幅记载名宦、显宦、循吏、良将、义士、

---

[1] 〔清〕党行义纂，黄璟续纂：《山丹县志》，道光十五年（1835）本。

[2] 〔清〕南济汉纂：《永昌县志》，嘉庆二十一年（1816）本。

[3] 〔清〕张之浚、张珝美修，曾钧、魏奎光纂：《镇番县志》，乾隆十五年（1750）本。

隐逸、儒林、孝子、烈妇等。

清代河西走廊地方志纂修的各道程序，都由地方官绅承办。以乾隆十五年（1750）《五凉考治六德集志》中仁集《永昌县志》为例，参与纂修人员如下：

表9 地方官员承办修志表

鉴定	凉庄道 张之浚智斋，顺天大兴人，庚成进士
	凉州府 阿德新 原任凉州理事同知 苏尔弼 凉州理事同知 传显 原任庄浪同知 梅士仁 庄浪同知 柏超 庄浪理事通知 肃普洞阿 调任柳林湖通判 刘炆 柳林湖通判 姚当 永昌县知县 李炳文
总修	广东雷瑶道 张珆美
纂修	原任山西辽州知州 沈绍祖 邑禀生2人
监修	凉州府教授1人 凉州府训导1人 武威县教谕1人 永昌县教谕1人
校阅	邑岁贡1人 禀生1人
监刊	武威县典史 李楷[1]

这些人，都是受过纲常伦理教化的士人，必然受封建思想的影响，所修志书必须体现其阶级立场。所以他们所纂修《五凉考治六德集志》，从维护、鼓吹

---

[1] 〔清〕张之浚：《永昌县志·修志姓氏》，乾隆十五年（1750）本。

封建纲常伦理出发,"分智、仁、圣、义、忠为五志,而以学道编为合集附其后,纲举目张,以规以鉴"[1]。于是,《人物志》"乡贤、忠孝、节义、选举、流寓寓焉,揭懿美于前徽,是鼓舞斯民之机也"。《文艺志》"译疏、碑记、诗歌寓焉,君子学道则爱人,小人学道则易使人,是娴民于礼乐也"。以此来教化民众。而水利中,多是将地方水利概况记一流水账,间或记载治灾治乱,空发一番议论,让官员"治绩昭然在目"[2],而很多重要的水利信息,得不到体现与流传。最终目的"以道事君,而非文献无征者"[3]。

第三,传统文化观念的制约。传统文化观念,重经史艺文,轻科学技术;重官宦科举,轻平民军事;重地理沿革人物传记,轻国计民生农工商业,等等。这些文化观念制约地方志内容的均衡发展,往往是浓笔重墨进行地理沿革、人物、艺文等方面的记载,因

---

[1] 〔清〕阿思哈:《五凉考治六德集全志序》,见《永昌县志》,乾隆十五年(1750)本。

[2] 〔清〕阿思哈:《五凉考治六德集全志序》,见《永昌县志》,乾隆十五年(1750)本。

[3] 〔清〕张之浚:《五凉全志六德集前序》,见《武威县志》,乾隆十五年(1750)本。

为这些方面最能体现一个地方的自然和人文特色。道光十一年《敦煌县志·序》最能体现这种观念，曰："吏治之循、武备之盛、人物之兴、风俗之化，与夫古昔之名宦、乡贤，可以感发人心。"这些所谓的兴与盛，都是在展现境内人文特色、价值修养，以教后生晚辈，激励人心，于是其志艺文曰："文人学士，因地因时形诸咏歌，关乎治化者，咸列篇端，庶因艺以见道、因文以见义耳。"[1] 道光十五年《山丹县志》志艺文曰："国朝文治光华，蘩林蘙荟。经邦者，纪略垂勋，稽学者，橘华揀藻。或详其事之兴废隆替，或称其人之忠孝节义，或揽其地之山川草木，以为文章词赋，凡载之《甘志》，勒之寺宇，传之篇章者，概行缮录，序入编中，取其辞，嘉其意，庶可备好学者之研究，而问风者之采择焉。"[2] 艺文所载文章，都要体现本地人文特色，教化民众。在士人传统文化观念的挤压下，水利志似无足轻重。其记载，多是记一时建置，然后对时任官员歌功颂德。而对于很多涉及水利事业的细节，则一

---

[1]〔清〕苏履吉等创修，曾诚纂辑：《敦煌县志》卷五《人物志》，道光十一年（1831）本。

[2]〔清〕党行义纂，黄璟续纂《山丹县志》，道光十五年（1835）本。

无问津，诸如灌溉工具的制造、使用与改良，水利建设的测绘与实施技术等，最重要的是，对水利活动的理论认识，严重不足。很多的水利文献，所体现的，不是水利活动自身的规律与特征，而是通过治理水灾来教化民众、歌颂乡绅和官员。

而分坝，更详细者，还记载沿途可能遇到的山水之害以及防范之法等。如此细致的记录，目的就是给后人留下参考的文字。例如，道光《敦煌县志》水利志记载通裕渠、普利渠、下永丰渠、上永丰渠等十道渠流经境内各坊情况，并记录党河的水利开发概况。编纂者说："敦煌自屯田以后，凡地方事宜，均照昔日办理。六隅户民田亩，悉资党河，水利分为十渠，今俱详细列入志书，以便查阅。"[1] 再例如，方志中对数次水利纷争的发端、调查、解决的记录，以及一些由此制定的用水制度的记载，一是为了警示后人，同时，也为后世解决类似纷争提供历史凭证。例如道光《重修镇番县志》，水利志就将"新定章程，暨水案、碑例，

---

[1]〔清〕苏履吉等创修，曾诚纂辑:《敦煌县志·凡例》，道光十一年（1831）本。

详载于后，庶长民者知所考镜焉"[1]。这都说明修志者的存史留鉴的自觉精神。正如张珏美于《五凉考治六德集全志序》中所说："夫志以纪事。前事者，后事之师；以往者，未来之鉴。"其记水利，"沟洫尽力，越陌连阡，无荒无旷，可考而知也"[2]。

四、水利文献的作用

历来学者都认为，地方志具有存史、资治、教化的作用。其中，最根本的是存史。正由于它保存丰富的文献，为人们留下资治与教化的参考。新官上任，往往首先要看地方志，如唐代韩愈过岭南，首先借阅《韶州图经》，作诗云："愿借图经将入界。"朱熹知南康军（辖境相当于今江西星子、永修、都昌等地），"下车首以郡志为问"[3]就是为了了解地方的情况。他们看重的，正是地方志与史书一样，具有鉴往、知来、资于

---

[1] 〔清〕许协主修：《重修镇番县志》，道光五年（1825）本。

[2] 〔清〕张之浚、张珏美修，曾钧、魏奎光纂：《平番县志》，乾隆十五年（1750）本。

[3] 阳发、丁剑：《新编方志十二讲》，黄山书社，1986年，第27页。

治道的作用。

清代河西走廊地方志中的水利文献相当丰富，应该重视其作用与价值。现在择其一二，略为呈述。

（一）利用方志中的水利文献，为当时与后世进行水利活动提供参考

地方官十分重视地方志，往往将其视为治理一方的参考书。例如，甘肃分巡安肃等处地方兵备道盖运长说："甫下车，披阅邑志。"[1] 通过方志所载，尽快熟悉辖境内风土人情、建置沿革等各项情况，以便施政。

水利，与国计民生，官员政绩，均关系密切。地方官自然十分重视。地方志中关于水利的记载，便成为官员了解境内水利概况，开展水利建设的重要参考资料。山丹县知事黄璟就境内水利情况，"每询事，故邑人士，茫然不解。此目不睹乘志之故"。鲁俊为《山丹县志》作《序》曰："凡邑人士之留心考稽者，皆得随时展阅。"[2]

---

[1] 〔清〕盖运长：《敦煌县志序》，见苏履吉等创修，曾诚纂辑：《敦煌县志》，道光十一年（1831）本。

[2] 〔清〕党行义纂，黄璟续纂：《山丹县志》序，道光十五年（1835）本。

道光《镇番县志·水利志》载：嘉庆十一年（1806）邑令齐正训修渠，进行工程预算，参考乾隆十五（1750）年《旧志》，上载"岁修渠道银四百"。距上次修渠已五十六年，其间渠道多处受山水冲崩，尤其"于山南一坝，尤加修筑"。齐正训参照旧例，结合现实状况，在拨银四百两的基础上，"复廉俸三百余两"[1]。辩证地对待地方志记载，根据情况，增加经费。

水利文献发挥其资治作用。地方志记载河渠开发与流经，渠堰发源、流经何处，抵达何处，中间何处分渠，还有灌溉亩数等情况，既有助于征税、分水、征召修渠人夫，还有助于今后修渠时作借鉴。最主要的地方志记载的分水碑刻文，成为地方官员处理水利纠纷时的重要依据。

（二）利用方志中的水利文献，开展学术研究

地方志蕴藏着历史、地理、经济、文化、社会等各方面丰富的资料，其中有些资料不见于史书典籍，具有较高的文献价值，是今天开展研究的重要资料。

---

[1] 〔清〕许协主修：《重修镇番县志》，道光五年（1825）本。

　　姚汉源先生指出："地方志、水利志等，旧有大致成型体例，但并不能满足现在的需要。"[1]周魁一先生则说："各地的地方志大多设置了水利专业志。"[2]地方志水利文献，既有不足，又保留有用的水利文献，成为今天研究清代水利的重要资料。为了开展研究，必须进行整理。我们认为，开展学术研究，一是研究这些水利文献本身；二是根据这些水利文献，研究水利本身。

　　第一个方面，就是整理地方志中的水利文献。首先，作为历史文献，这些水利志在著述、流传过程中，受到各种人为和非人为因素的影响，至今多大程度上保持最初完整的形制，还有待研究。其次，这些水利志，是否具有价值，或价值有多大，都会影响对它的使用。而且，地方志水利文献，有其作为志书独特的体例、时代、地域等特征，要求我们围绕其自身特征做研究。本文的研究，便是第一个方面中一个很基本的层次。

　　地方志水利文献，可以为修史提供资料。章学诚

[1]　姚汉源：《中国水利发展史》，上海人民出版社，2005年，第16页。

[2]　周魁一：《中国科学技术史·水利卷》，科学社会出版社，2002年，《绪论》第8页。

说："朝廷修史，必将于方志取其裁。"[1] 水利史专家姚汉源先生说："当代修史常取材于志书。"[2] 河西走廊水利史，是中国水利通史中一个重要组成部分，自然成为修史治史的重要文献来源。

第二个方面，清代河西走廊地方志中的水利文献，为学者们研究该地区水利问题，提供了大量的第一手资料。例如，可以研究清代河西走廊水利建设的概况，分析其特色；可以研究当时当地自然与社会条件；可以研究时人在开发水利的过程中对各种关系的认识；可以研究当时的水利技术、治水成绩，总结水利开发的经验教训；等等。学者们依据自己的研究重点，于方志中寻找相对应的水利文献。目前，有一些专家学者根据河西走廊水利文献，研究河西走廊乃至西北经济和屯垦、水利问题等，已经取得成绩。本书前言和参考文献，都已经罗列，此不作赘述。

可见，不论是文献整理、学术研究还是经济和文化建设，清代河西走廊地方志中的水利文献，都值得珍视。

---

[1] 〔清〕章学诚著，叶瑛校注：《文史通义校注》卷六《州县请立志科议》，中华数书局，1985 年，第 588 页。

[2] 姚汉源：《中国水利发展史》，上海人民出版社，2005 年，第 16 页。

参考文献

一、古代文献

［1］ 杨春茂纂修:《甘镇志》,顺治十四年(1657)本。

［2］ 佚名纂修:《玉门县志》,乾隆间抄本。

［3］ 黄文炜、沈青崖修纂:《重修肃州新志》,乾隆二年(1737)本。

［4］ 张珩美修,曾钧等纂:《五凉全志》,乾隆十五年刻本。

［5］ 张之浚、张珩美修,曾钧、苏璟纂:《武威县志》,乾隆十五年(1750)本。

［6］ 张之浚、张珩美修,曾钧、魏奎光纂:《镇番县志》,乾隆十五年(1750)本。

［7］ 张之浚、张珆美修,沈绍祖、谢谨纂:《永昌县志》,乾隆十五年（1750）本。

［8］ 张之浚、张珆美修,赵璘、郭建文纂:《古浪县志》,乾隆十五年（1750）本。

［9］ 张之浚、张珆美修,赵璘、郭建文纂:《平番县志》,乾隆十五年（1750）本。

［10］ 钟赓起纂修:《甘州府志》,乾隆四十四年（1779）本。

［11］ 李登瀛修,南济汉纂:《永昌县志》,乾隆五十年（1785）本。

［12］ 许协修、谢集成等纂:《重修镇番县志》,道光五年（1825）本。

［13］ 苏履吉等修,曾诚纂:《敦煌县志》,道光十一年（1831）本。

［14］ 党行义纂,黄璟续纂:《山丹县志》,道光十五年（1835）本。

［15］ 升允修,安维峻纂:《甘肃新通志》,宣统元年（1909）本。

［16］ 徐家瑞纂修:《新纂高台县志》,民国十四年（1925）本。

［17］ 张珆美总修,张澍辑著:《凉州府志备考》,武

威市市志编纂委员会办公室，1986 年。

［18］　魏源：《清经世文编》，中华书局，1992 年。

［19］　《清圣祖实录》，中华书局，2008 年。

［20］　《清高宗实录》，中华书局，2008 年。

二、当代文献

［1］　郑肇经：《中国水利史》，商务印书馆，1938 年。

［2］　冀朝鼎：《中国历史上的基本经济区与水利事业的发展》，中国社会科学出版社，1981 年。

［3］　谭其骧等：《中国自然地理·历史自然地理》，科学出版社，1982 年。

［4］　马绳武主编：《中国自然地理》，高等教育出版社，1989 年。

［5］　谭其骧主编：《中国历史地图集》第 8 册，地图出版社，1982 年。

［6］　白寿彝：《史学概论》，宁夏人民出版社，1983 年。

［7］　白寿彝：《中国史学史论集》，中华书局，1999 年。

［8］　石玉林等：《中国宜农荒地资源》，北京科学技术出版社，1985 年。

［9］ 水利水电科学研究院《中国水利史稿》:《中国水利史稿(下册)》,水利水电出版社,1989年。

［10］ 章学诚著,叶瑛校注:《文史通义校注》,中华书局,1985年。

［11］ 王晓岩:《历代名人论方志》,辽宁大学出版社,1986年。

［12］ 周魁一:《农田水利史略》,水利电力出版社,1986年。

［13］ 欧阳发、丁剑:《新编方志十二讲》,黄山书社,1986年。

［14］ 浙江省地方志编纂室编:《修志须知》,浙江人民出版社,1986年。

［15］ 杜瑜、朱玲玲编:《中国历史地理学论著索引1900—1980》,书目文献出版社,1986年。

［16］ 张波:《西北农牧史》,陕西科技出版社,1989年。

［17］ 王希隆:《清代西北屯田研究》,兰州大学出版社,1990年。

［18］ 王毓铨、刘重日、郭松义、林永匡:《中国屯垦史》(下册),中国农业出版社,1991年。

［19］ 吴廷桢、郭厚安:《河西开发史研究》,甘肃教

育出版社，1993 年。

〔20〕 赵俪生主编：《古代西北屯田开发史》，甘肃文化出版社，1997 年。

〔21〕 姚汉源：《中国水利史纲》，中国水利水电出版社，1987 年。

〔22〕 汪家伦、张芳：《中国农田水利史》，农业出版社，1990 年。

〔23〕 张芳：《明清农田水利史》，中国农业科技出版社，1998 年。

〔24〕 周魁一：《中国科学技术史·水利卷》，科学出版社，2006 年。

〔25〕 曾星翔、李秀国编：《中国方志百家言论集萃》，四川省社会科学院出版社，1988 年。

〔26〕 王致中、魏丽英：《明清西北社会经济史研究》，三秦出版社，1988 年。

〔27〕 李泰棻：《方志学》，商务印书馆，1935 年。

〔28〕 张树棻纂辑，朱士嘉校订：《章实斋方志论文集》，山东省地方史志编纂委员会办公室 1983 年重印。

〔29〕 傅振伦：《中国方志学》，河北师范大学方志学讲习班，1984 年。

［30］ 周丕显等编著：《甘肃方志述略》，吉林省地方志编纂委员会、吉林省图书馆学会，1988 年。

［31］ 仓修良：《方志学通论》，齐鲁书社，1990 年。

［32］ 森田明：《清代水利社史研究》，东京图书刊行会，1990 年。

［33］ 袁森坡：《康雍乾经营与开发北疆》，中国社会科学出版社，1991 年。

［34］ 甘肃省张掖地区行政公署水利电力处编：《张掖地区水利志》，甘肃省张掖地区行政公署水力电力处，1993 年。

［35］ 施雅风总主编：《气候变化对西北华北水资源的影响》，山东科学技术出版社，1995 年。

［36］ 李并成：《河西走廊历史地理》，甘肃人民出版社，1995 年。

［37］ 陈桦：《清代区域社会经济研究》，中国人民大学出版社，1996 年。

［38］ 萧正洪：《环境与技术选择——清代中国西部地区农业技术地理研究》，中国社会科学出版社，1998 年。

［39］ 李根蟠：《中国科学技术史·农学卷》，科学出

版社，2000年。

［40］ 李根蟠主编:《中国经济史上的天人关系》，中国农业出版社，2002年。

［41］ 周魁一:《中国科学技术史·水利卷》，科学出版社，2002年。

［42］ 赵广和主编:《中国水利百科全书——综合分册》，中国水利水电出版社，2004年。

［43］ 郑连第主编:《中国水利百科全书·水利史分册》，中国大百科全书出版社，2004年。

［44］ 葛全胜、郑景云等:《清代奏折汇编:农业·环境》，商务印书馆，2005年。

［45］ 王元林:《泾洛流城自然环境变迁研究》，中华书局，2005年。

［46］ 赵珍:《清代西北生态环境变迁》，人民出版社，2005年。

［47］ 陕西师范大学西北环发中心编:《历史环境与文明演变——2004年历史地理国际学术研讨会论文集》，商务印书馆，2005年。

［48］ 陕西师范大学西北环发中心编:《史念海教授纪念学术文集》，三秦出版社，2006年。

［49］ 陕西师范大学西北环发中心编:《西部开发与生
态环境的可持续发展》,三秦出版社,2006 年。

［50］ 陕西师范大学西北环发中心编:《人类社会经
济行为对环境的影响和作用》,三秦出版社,
2007 年。

［51］ 陕西师范大学西北环发中心编:《历史地理学研
究的新探索与新动向》,三秦出版社,2008 年。

［52］ 陕西师范大学西北环发中心编:《鄂尔多斯高原
及其邻区历史地理研究》,三秦出版社,2008 年。

［53］ 王双怀:《历史地理论稿》,吉林文史出版社,
2008 年。

［54］ 新华文摘杂志社编:《新华文摘精华本·历史卷
2000—2008》,新华文摘杂志社,2009 年。

［55］ 王培华:《元明清华北西北水利三论》,商务印
书馆,2009 年。

［56］ 谭其骧:《地方史志不可偏废,旧志资料不可轻
信》,《中国地方史志通讯》1981 年第 5、6 合期。

［57］ 刘光禄、胡惠秋:《〈方志学〉讲座——方志的
体例》,《中国地方史志》1982 年第 4 期。

［58］ 刘光禄、胡惠秋:《〈方志学〉讲座——资料的

收整理和鉴别》,《中国地方史志》1982年第5期。

[59] 《水利史志编写工作座谈会纪要（讨论稿）》,《中国地方史志》1982年第5期。

[60] 《新编地方志工作暂行规定》,《中国地方志通讯》1985年第4期。

[61] 周魁一:《〈水部式〉与唐代的农田水利管理》,《历史地理》第4辑,上海人民出版社,1986年。

[62] 博筑夫:《由唐王朝之忽视农田水利评唐王朝的历史地位》,《唐史论丛》第2辑,陕西人民出版社，1987年。

[63] 冯绳武:《民勤绿洲水系的演变》,《地理研究》1988年第7期。

[64] 王丽娜:《甘肃地方志源流述要》,《西北师大学报》1989年第3期。

[65] 张建民:《试论中国传统社会晚期的农田水利——以长江流城为中心》,《中国农史》1994年第2期。

[66] 张建民:《明清汉水上游山区的开发与水利建设》,《武汉大学学报》1994年第4期。

[67] 唐国军:《从两部著名通志看清代地方志的编纂

原则》,《广西民族学院学报（哲学社会科学版）》1995 年增刊。

[68] 甄人:《试论地方志的本质特征、性质与功能》,《中国地方志》1996 年第 5 期。

[69] 李有成:《试论新编地方志的实用性》,《新疆地方志》1997 年第 2 期。

[70] 西樵:《志书序言琐谈》,《沧桑》1997 年第 5 期。

[71] 林艳红:《地方志不应与地方史等同》,《西师范大学学报》1997 年增刊。

[72] 易雪梅、李淑芬:《西北地区地方志概述》,《西北史地》1997 年第 1 期。

[73] 陈祥林:《图、表在方志中的重要作用》,《图书馆》1998 年第 2 期。

[74] 俞兆鹏:《关于新修地方志体例的几点看法》,《南昌大学学报（人文版）》1999 年第 1 期。

[75] 萧正洪:《历史时期关中农田灌溉中的水权研究》,《中国经济史研究》1999 年第 1 期。

[76] 魏静:《浅析清代甘肃水利建设的若干特点》,《开发研究》1999 年第 4 期。

[77] 郭志超:《理清资料来源是鉴别旧志所载的重要

方法》,《中国地方志》2000 年第 3 期。

[78] 王国华:《从地方志看甘肃张掖在西部大开发中的历史启示》,《中国地方志》2000 年第 3 期。

[79] 张建民:《碑刻所见清代后期陕南地区的水利问题与自然灾害》,《清史研究》2001 年第 2 期。

[80] 桑亚戈:《从〈官中档乾隆朝奏折〉看清代中叶陕西省河渠水利的时空特征》,《中国历史地理论丛》2001 年第 2 期。

[81] 刘仲佳:《专业志功能分析》,《广西地方志》2001 年第 3 期。

[82] 刘树芳:《充分发挥指数功能 为水利建设服务》,《北京水利》2001 年第 5 期。

[83] 朱林枫:《新（续）志艺文志初探》,《中国地方志》2002 年第 2 期。

[84] 姜纯:《论方志的资政功能》,《图书馆》2002 年第 2 期。

[85] 张划:《方志资料分类法新探》,《黑龙江史志》2002 年第 3 期。

[86] 王照伦:《方志学研究中的数学工具》,《中国地方志》2002 年第 5 期。

［87］ 张岚:《方志及其在历史研究中的作用》,《咸阳师范学院学报》2002 年第 5 期。

［88］ 李并成:《明清时期河西地区"水案"史科的梳理》,《西北师大学报》2002 年第 6 期。

［89］ 张俊峰:《明清以来洪洞水案与乡村社会》,收入《近代山西社会研究——走向田野与社会》,中国社会科学出版社,2002 年。

［90］ 张俊峰:《水权与地方社会——以明清以来山西省文水县甘泉渠水案为例》,《山西大学学报》2001 年 6 期。

［91］ 张俊峰:《明清以来晋水流域水案与乡村社会》,《中国社会经济史研究》2003 年 2 期。

［92］ 马军:《我们还要与自然拼多久》,《中国青年报》2003 年 2 月 1 月。

［93］ 王日根:《论明清乡约属性与职能的变迁》,《厦门大学学报》2003 年第 2 期。

［94］ 王锷:《清代甘肃文献的流传和启示》,《图书与情报》2003 年第 6 期。

［95］ 沈艾娣:《道德权力与晋水水利系统》,《历史人类学学刊》第 1 卷 1 期,2003 年 4 月。

［96］ 王方杰:《张掖看节水》,《人民日报》2003 年
10 月 13 日。

［97］ 王社教:《清代西北地区地方官员的环境意
识——对清代陕甘两省地方志的考察》,《中国
历史地理论丛》2004 年第 3 期。

［98］ 王双怀:《五千年来中国西部水环境的变迁》,
《陕西师范大学学报》2004 年第 5 期;《新华文
摘》2004 年第 22 期。

［99］ 才惠莲:《中国水权制度的历史特点及其启示》,
《湖北社会科学》2004 年第 5 期。

［100］ 于平天:《续志编修应体现以人为本的思想》,
《黑龙江史志》2004 年第 5 期。

［101］ 许益群:《志书资料取舍与志书体例的关系》,
《中国地方志》2004 年第 6 期。

［102］ 王铭铭:《"水利社会"的类型》,《读书》2004
年第 11 期。

［103］ 刘德泉、冉连起:《三家店兴隆坝灌渠考辨》,
见北京门头沟区委宣传部编:《永定河——北
京的母亲河》,文化艺术出版社,2004 年。

［104］ 来新夏:《中国地方志的史料价值及其利用》,

《国家图书馆学刊》2005 年第 1 期。

[105] 陈华:《第二轮修志应增补艺文志》,《中国地方志》2005 年第 1 期。

[106] 张莉:《史志质量与档案工作》,《山西档案》2005 年第 1 期。

[107] 李国仁、谢继忠:《明清时期武威水利开发略论》,《社科纵横》2005 年 2 期。

[108] 钟晓鸿:《清代汉水上游的水资源环境与社会变迁》,《清史研究》2005 年第 2 期。

[109] 赵世瑜:《分水之争:公共资源与乡土社会的权力和象征——以明清山西汾水流域的若干案例为中心》,《中国社会科学》2005 年第 2 期,收入《小历史与大历史——区域社会史的理念、方法与实践》,三联书店,2006 年。

[110] 张俊峰:《介休水案与地方社会——对水利社会的一项类型学分析》,《史林》2005 年第 3 期。

[111] 行龙:《明清以来山西水资源匮乏及水案初步研究》,《科学技术与辩证法》2000 年第 6 期。

[112] 行龙:《从共享到争夺:晋水流域水资源日益匮乏的历史考察》,2004 年首届区城社会史比

较研究中青年学者学术讨论会论文。

［113］ 行龙：《晋水流域36村水利祭祀系统个案研究》，《史林》2005年第4期。

［114］ 行龙：《从"治水社会"到"水利社会"》，《读书》2005年第8期。

［115］ 佳宏伟：《水资源环境变迁与乡村社会控制——以清代汉中府的堰渠水利为中心》，《史学月刊》2005年第4期。

［116］ 李国仁、谢继忠：《明清时期武威水利开发略论》，《社科纵横》2005年第6期。

［117］ 葛文庆：《志书记述事物的分类研究》，《黑龙江史志》2005年第8期。

［118］ 刘玛莉：《甘肃省天水市编辑地方志丛书的几点体会》，《中国地方志》2005年第1期。

［119］ 顾浩：《在水利部江河水利志工作指导委员会第一次全体会议上的讲话（摘要）》，《中国地方志》2005年第3期。

［120］ 王国华：《从地方志看河西走廊可开发的旅游资源》，《中国地方志》2005年第11期。

［121］ 韩茂莉：《近代山陕地区地理环境与水权保障

系统》，《近代史研究》2006年第1期。

[122] 胡英泽：《水井与北方乡村社会——基于山西、陕西、河南省部分地区乡村水井的田野考察》，《近代史研究》2006年第1期。

[123] 田东奎：《水利碑刻与中国近代水权纠纷解决》，《宝鸡文理学院学报》2006年第3期。

[124] 潘高升：《史学研究中利用地方志的几种方法》，《中国地方志》2006年第4期。

[125] 诸葛计：《方志资源与西部开发》，《中国地方志》2006年第4期。

[126] 钟晓鸿：《灌溉、环境与水利共同体——基于清代关中中部的分析》，《中国社会科学》2006年第4期。

[127] 田东奎：《中国近代水权纠纷解决机制研究》，《中国政法大学》2006年第7期。

[128] 李天程：《正确处理志书的交叉与重复》，《黑龙江史志》2006年第8期。

[129] 杜文玉：《五代十国时期水利的发展成就及局限性》，《唐史论丛》（第八辑），三秦出版社，2006年。

〔130〕 刘希汉:《口述史入编新方志探微》,《中国地方志》2007 年第 1 期。

〔131〕 谢湜:《"利及邻封"——明清豫北的灌溉水利开发和县际关系》,《清史研究》2007 年第 2 期。

〔132〕 王利华:《中古华北水资源的初步考察》,《南开学报》2007 年第 3 期。

〔133〕 王利华:《魏晋南北朝时期华北内河航运与军事活动的关系》,《社会科学战线》2008 年第 9 期。

〔134〕 行龙:《"水利社会史"探源——兼论以水为中心的山西社会》,《山西大学学报》2008 年第 1 期。

〔135〕 钟晓鸿、李辉:《〈清峪河各渠始末记〉的发现与刊布》,《清史研究》2008 年第 2 期。

〔136〕 李并成《历史时期河西走廊沙漠化研究》,科学出版社,2003 年。

〔137〕 王建革:《河北平原水利与乡村社会分析》,《中国农史》2000 年第 2 期。

〔138〕 王建革:《清浊分流——环境变迁与清代大清河下游治水特点》《清史研究》2001 年第 2 期。

〔139〕 李并成:《明清时期河西地区水案史料的梳理研究》,《西北师范大学学报》2002 年第 6 期。

［140］ 孙晓林:《唐西州高昌县的水渠及其使用、管理》，见唐长孺先生主编《敦煌吐鲁番文书初探》，武汉大学出版社，1983 年。

［141］ 王培华:《水资源再分配与西北农业可持续发展——元〈长安图志〉所载泾渠"用水则例"的启示》，《中国地方志》2000 年第 5 期。

［142］ 王培华:《清代滏阳河流域水资源的管理、利用与分配》，《清史研究》2000 年第 2 期。

［143］ 王培华:《清代河西走廊的水利纷争及其原因》，《清史研究》2004 年第 2 期。

［144］ 王培华:《清代河西走廊的水资源分配制度》，《北京师范大学学报》2004 年第 3 期。

［145］ 王培华:《清代河西走廊的水利纷争与水资源分配制度——黑河、石羊河流域的个案考察》，《古今农业》2004 年第 2 期。

［146］ 王培华:《清代河西走廊的水资源分配制度》，《新华文摘》2004 年第 17 期重点摘要。

［147］ 肖怀:《凡例的制订与志书的质量》，《新疆地方志》1992 年第 2 期。

［148］ 吴荣政:《论旧方志的局限性》，《湘潭大学社

会科学学报》1992年第3期。

［149］ 邵国秀:《甘肃省地方志考略》,《图书与情报》1994年第1期。

［150］ 来新夏:《旧地方志资料在经济建设中的作用》,《中国地方志》1994年第1期。

［151］ 马有德:《论地方志的继承与创新》,《中国地方志》1994年第1期。

［152］ 邵国秀:《甘肃省地方志考略（续完）》,《图书与情报》1994年第2期。

［153］ 胡健:《近代陕南地区农田水利纠纷解决与乡村社会研究》,西北大学历史系2007年硕士学位论文,指导教师岳珑。

［154］ 卢勇:《〈清峪河各渠记事簿〉稿本的整理和研究》,西北农林科学大学2005年硕士学位论文,指导教师樊志民。

［155］ 高升荣:《水环境与农业水资源利用——明清时期太湖与关中地区的比较研究》,陕西师范大学2006年博士学位论文,指导教师萧正洪。

［156］ 高荣主编:《河西通史》,天津古籍出版社,2011年。

后　记

　　本书是对十几年前我研究清代河西走廊水利纠纷与水资源分配制度的总结。

　　2003年前后，当我开始研究清代河西走廊水利纠纷与水资源分配制度时，几乎未有学者研究清代河西走廊的水利纠纷、分水制度。在学术界比较盛行的是研究水利社会、水利社会史。记得有一年，在武夷山厦门大学钞晓鸿教授主办的会议上，同志们议论起来，笑说，有水利社会，那岂不是要有番薯社会、马铃薯社会、玉米社会、小麦社会、水稻社会、鸦片社会？或者以耕作技术来命名一个社会，刀耕火种社会？或精耕细作社会？学术问题，都可以探讨、研究，不见得要千篇一律，归于一尊。因为各地区、各流域的自然条件（包括山、水、土地、热量）和人文条件（如人口、历史、习俗等）都有较大差异。在元代陕西泾渠，在清代甘肃、新疆，水利灌溉是国计民生，尤其是国家大计，只有纳粮土地才能使用水源。这跟山西是不同的。在学术研究上，我个人不爱凑热闹，随心所至，研究中国历史上一些重要的问题，写出让更多人看得懂的文章。

在研究工作中，我较多地从人与自然关系、水利与国家的关系角度考虑问题。水是自然资源，也是国家资源，只有给国家缴纳粮草的土地，才能分得水额、水时。分水的对象是纳粮土地，而不是人口。2009 条 6 月 15 日—19 日，陕西师范大学西北环境发展中心，在甘肃武威举办了"河西走廊人地关系国际学术研讨会"。我受中心主任侯甬坚教授邀请参加会议，并在大会发言，回顾 20 世纪水利史研究，并详细阐述了清代河西走廊水资源分配制度。根据效率优先、兼顾公平的原则，按修渠人夫使水、计亩均水、按粮均水的方法，在上下游各县之间，在县内各渠坝之间，渠坝内各用水利户之间，平均分水。这在一定程度上缓解了水利纷争，地方政府在调节用水方面，发挥了很大作用。清代的分水制度，不仅在当时是先进的，对现在的资源水利制度也有借鉴意义。这些观点得到了与会专家的认可。

同时在这次会议结识了武威、兰州、西安等地的同行，西北师大刘再聪教授后来还为我邮寄西北地方志资料。会后参观考察了武威沙漠、民勤沙漠等。我表示诚挚的感谢！

河西学院历史系主任高荣教授邀请我们到他们单位，并设宴招待我们。他那时正在组织人员编撰《河西通史》。我谨对上述各位同志的帮助表示感谢。

迄今为止，时间已经过去十多年，研究水利纠纷和分水制度，差不多成为水利史研究中一个热点。一代一代学人，通过自己扎实的、辛勤的工作，不断推动学术研究向前进，其中一个重要因素是承认前人他人的研究成果，尊重前人他人的劳动，遵守学术规范。

在论文发表中，得到多家刊物主编和编辑的大力支持。《北京师范大学学报》学报前主编潘国琪先生，现任主编蒋重跃先生，对我的学术的理解和支持，是我学术研究能有进步的一个重要因素。林邦均先生、薛振凯女士、《清史研究》编辑张世明先生、《古今农业》主编徐旺生先生等，也都给予支持。

张勇同志在读研究生时，我指导他作《清代河西走廊地方志水利文献》，研究清代河西走廊地方志水利文献的结构、类别、作用、来源、价值等。此次，征得他的同意，修改后，收入本书附录中。本书整理中，刘玉峰同志，北京师范大学历史学院李玉伟、马云同志帮我转换了文字。对以上同志的工作和帮助，我表示诚挚的感谢！

我的两位导师，白寿彝先生、瞿林东教授，他们的指导和帮助，使我走上历史学研究之路，并且一直受益于他们学术思想和学术精神。他们并不做水利史研究，但他们的治学思想和方法，他们对现实问题的关注，都渗透到对历史问题的研究中。历史与现实的结合，理论与实践的结合，这种治学观点，深深地影响了我的学术研究。

在多年的工作中，得到北京师范大学历史学院领导、同事的帮助，在此一并致谢！

王培华

2019 年 8 月 8 日记于北京师范大学图书馆